JN058855

動物心理学入門

動物行動研究から探るヒトのこころの世界

日本動物心理学会 監修　小川園子・富原一哉・岡田 隆 編

有斐閣

本書を読み進めるにあたって

本書の企画にあたっては，さまざまなバックグラウンドの読者の方々に，動物心理学に興味をもっていただくことを目指しました。基礎的な事実から，最新の研究成果，さらには，現代社会が抱える課題への提言までの内容を，30のトピックと10のコラムにまとめました。その上で，特別な知識や，専門用語になじみがなくても，楽しみながら本書を読み進めていただけるよう心がけて編集しました。各トピックについてさらに深く学びたいという場合には，章末に掲載した，参考図書・WEB案内を参照してください。各トピックで取り上げる文献は，最も重要なものを厳選しました。これらは巻末に章別にアルファベット順で引用・参照文献として掲載してあります。また，本書では，多様な動物種が登場しますが，すべてカタカナで記載し，学名は省略しました。加えて，ネズミ，サル，トリのような，総称を記載した場合もあります。

本書は，序章に続く7章で構成されていますが，興味次第で，どの章からでも読み始めていただけます。心理学を志す高校生の入門書としてばかりでなく，心理学を専門とする学生の副読本としても，ぜひ活用していただきたいと思います。

最後に，本書を読んで，動物心理学を専門的に学んでみたい！ 学んでみよう！ という思いを抱かれた場合には，ぜひ，日本動物心理学会のWEBサイト「動物心理学が学べる大学・大学院」（https://plaza.umin.ac.jp/dousin/lablist.html）などを参考にして，動物心理学の門を叩いてみてください。

2023年5月

編 者 一 同

執筆者紹介 ▶は執筆担当

（監修）

日本動物心理学会

（編者）

小川 園子（おがわ そのこ） 筑波大学 ▶序章／2-3／**コラム⑨**

富原 一哉（とみはら かずや） 鹿児島大学 ▶ 3-6／**コラム②**

岡田　 隆（おかだ たかし） 上智大学 ▶ 1-1／**コラム⑩**

（執筆者）

山田 一夫（やまだ かずお） 筑波大学 ▶ 1-2

中島 定彦（なかじま さだひこ） 関西学院大学 ▶ 1-3

坂上 雅道（さかがみ まさみち） 玉川大学 ▶ 1-4

小出　 剛（こいで つよし） 国立遺伝学研究所 ▶ 2-1

髙瀬 堅吉（たかせ けんきち） 中央大学 ▶ 2-2

佐野 一広（さの かずひろ） 国立環境研究所 ▶ 2-4

永澤 美保（ながさわ みほ） 麻布大学 ▶ 3-1

菊水 健史（きくすい たけふみ） 麻布大学 ▶ 3-2

松本　 結（まつもと ゆい） 東京大学 ▶ 3-3

近藤 保彦（こんどう やすひこ） 帝京科学大学 ▶ 3-4

上北 朋子（うえきた ともこ） 京都橘大学 ▶ 3-5

髙橋 阿貴（たかはし あき） 筑波大学 ▶ 4-1

伊澤 栄一（いざわ えいいち） 慶應義塾大学 ▶ 4-2

小澤 貴明（おざわ たかあき） 大阪大学 ▶ 4-3

佐藤 暢哉（さとう のぶや） 関西学院大学 ▶ 4-4

幡地 祐哉（はたじ ゆうや） 慶應義塾大学 ▶ 5-1

長谷 一磨（はせ かずま） McMaster University ▶ 5-2

兎田 幸司（とだ こうじ） 慶應義塾大学 ▶ 5-3

坂田 省吾（さかた しょうご） 広島大学 ▶ 5-4

鈴木江津子（すずき えつこ） 東京慈恵会医科大学 ▶ 6-1

神前　 裕（こうさき ゆたか） 早稲田大学 ▶ 6-2

菅　 理江（すげ りえ） 埼玉医科大学 ▶ 6-3

坂本 敏郎（さかもと としろう） 京都橘大学 ▶ 6-4

川合 隆嗣（かわい たかし） Massachusetts Institute of Technology ▶ 7-1

井口 善生（いぐち よしお） 福島県立医科大学 ▶ 7-2

領家 梨恵（りょうけ りえ） 東北大学 ▶ 7-3

仲田真理子（なかた まりこ）　筑波大学　▶ **7-4**
高砂 美樹（たかすな みき）　東京国際大学　▶**コラム①**
和田 博美（わだ ひろみ）　北海道大学　▶**コラム③**
和田　 真（わだ まこと）　国立障害者リハビリテーションセンター研究所　▶**コラム④**
山田 一之（やまだ かずゆき）　静岡産業大学　▶**コラム⑤**
松島 俊也（まつしま としや）　北海道大学　▶**コラム⑥**
鎌田 泰輔（かまだ だいすけ）　京都大学　▶**コラム⑦**
川﨑 勝義（かわさき かつよし）　星薬科大学　▶**コラム⑧**

目　次

動物心理学のすすめ

こころの謎を動物たちと解いてみよう

はじめに　本書は，動物を対象とした研究を通して，ヒトの「こころ」を理解しようとする学問領域である**動物心理学**を広く知っていただくことを目指した入門書です。「動物心理学」という名称にはあまり馴染みがないという方々も多いかと思いますが，わが国におけるその歴史は古く，本書を企画した日本動物心理学会も，心理学の分野のなかの最古参の学会の１つとして，1933 年に設立され今日に至っています（詳細は，**コラム①**参照）。古い歴史をもつ動物心理学ですが，その研究テーマは，記憶や学習，動機づけ，恐怖や不安，さらには，性差・個人差，親子や男女の絆，共感や協力など，現代社会に生きる我われが直面している課題に関係するものばかりです。

とはいえ，そもそも，ヒト以外の動物を対象にした研究で，ヒトの「こころ」の仕組みやはたらきが理解できるのだろうか？ と，違和感を覚える方もおられるかもしれません。確かに，ヒトとヒト以外の動物とでは，異なる部分があることも事実です。したがって，動物での研究で明らかになったことをそのまま，ヒトに当てはめることができるとは限りません。一見似ている行動も，その機能や意味が異なる場合もあるでしょう。しかし，逆に，目に見える部分での行動の型は大きく違っていても，共通する生理学的，生物学的な背景をもつ場合もあります。どこがどのように同じなのか，あるいは異なるのか，そしてそれはなぜなのかを，いくつかの動物種間や，ヒトとヒト以外の動物との比較の過程で考え，明確にすることは，ヒトの行動やその背景のより良い理解につながります。本書では，さまざまな動物種の，さまざまな種類の行動に着目し，各々の種においてその行動がもつ機能や意味を正しく理解した上で，「**行動の表出を制御，調節している脳の仕組みやはたらき**」を明らかにすることにより，「こころ」の謎に迫る研究を紹介したいと思います。

行動神経科学と比較認知科学　謎解きを始める前に，動物心理学のユニークさを理解していただくために，本書で紹介する研究が進められてきた背景について少し説明を加えます。動物心理学で行われてきた研究は，大まかに比較心理学と生理心理学の２つの領域に分けられます。**比較心理学**領域の研究者は，どちらかというと動物にみられるさまざまな種類の「**行動そのもの**」に興味があり，行動の心理・生物学的機能，進化（系統発生）および発達（個体発生）の過程の理解をめざしてきました。一方，**生理心理学**は，記憶や学習をはじめとするヒトの高次の精神機能の制御・調節に関わる脳・生理基盤の理解を進める心理学の一領域で，そのなかでも特に，ヒト以外の動物モデルを用いた研究が，動物心理学の枠組みのなかで行われてきました。

しかし，さまざまな科学研究の領域で，既存の学問分野間の壁を取り払った学際的，融合的な研究が進行している現在では，比較心理学と生理心理学の違いもあまり意味をもたなくなりつつあります。本書で紹介するのも，動物に見られるさまざまな種類の「行動」——種の保存に直接的に関わる生殖行動から，記憶・学習・意思決定などの高次な精神機能まで——に着目し，その表出や発達をコントロールしている脳の構造や機能を明らかにすることによって，究極的には，ヒトの「こころ」を理解しようとする研究です。このように比較心理学的視点と生理心理学的視点が部分的に合わさった動物心理学の研究領域は，今日では神経科学という分野とも融合し，行動神経科学としてさらに発展を続けています。神経科学自体，きわめて学際的な学問領域ですが，動物心理学における行動神経科学領域の研究にも，心理学はもとより，動物行動学，遺伝学，獣医学，生化学，生理学，解剖学，薬理学，内分泌学，情報学等，多種多様な専門分野が関わっています。本書でも，心理学的，行動学的な内容に加えて，神経科学を含めた多様な領域の概念や用語，研究手法や研究成果などが数多く登場します。また，動物行動の脳基盤に関する研究の多くは，ラット，マウス，サルを用いていますが，動物心理学ではもっと多様な動物種を対象に研究が行われていますので，本書ではそれらの成果についても紹介したいと思います。その上で，動物心理学の幅の広い研究成果が，「こころ」に関わる現代社会の課題解決にどのように貢献しうるのかについても考察を加えていきます。

行動神経科学領域の研究に加え，比較心理学的視点に重きをおいた研究も展開されています。ヒトを含む動物の認知機能の進化の過程や個体発生の過程を，種間比較を通じて明らかにすることをめざすこの研究領域は，比較認知科学として，現在の動物心理学研究の中核をなす領域の１つとなっています。「比較認知科学」領域の研究によってもたらされた動物のこころのはたらきに関するさまざまな発見は，本書と同様，日本動物心理学会が監修した『動物たちは何を考えている？——動物心理学の挑戦』(2015) で紹介されています。あわせてお読みいただき，動物心理学をより深く理解していただければと思います。

動物たちと解く7つのこころの謎　本書では，ヒトの「こころ」のはたらきに関する謎を7つの設問にまとめ，これまでに得られている動物心理学研究の成果をふまえて，これらの問いに答える形で論を進めます。

1章の「脳から探る」では，「こころの基盤は脳なのだろうか」という，誰もが一度は抱くに違いない疑問が提示されています。ただ，この章の目的は，「こころ」＝脳であるのか，あるいは，「こころ」をどのように捉え，説明するのかについて，の議論をすることではありません。むしろ，ここまでに説明してきた通り，まずはヒトも含めた動物の行動を制御，調節しているのは脳であるという考えに立脚して研究を進め，その成果を通して，「こころ」のはたらきや仕組みを理解することをめざしているという，本書の立場を明確にすることにあります。そのため，最初に，脳の構造（**1–1**）と脳を構成する神経細胞（ニューロン）による情報伝達の仕組み（**1–2**）について説明します。その上で，知能（**1–3**）や意思決定（**1–4**）という心理的機能に，脳の構造やそのはたらきがどのように関わっているのかについて，先端的研究の成果も交えて解き明かしていきます。

2章の「動物の多様性から探る」では，行動や脳のはたらきに見られる，個人差や性差がどのように生み出されるのかという疑問に答えます。我われの行動には，遺伝要因（生まれ）と環境要因（育ち）の両方が関わっていることに疑問の余地はないでしょう。この章では，まず，遺伝と環境の各々がどのように，そしてどの程度関与して個人（個体）差が生じるのかを明らかにする行動遺伝学研究（**2–1**）と，環境要因の影響により遺伝子情報に基づく機能発現が変化する可能性についての心理学的研究（**2–2**）を紹介します。さらに，脳に作用する性ステロイドホルモンのはたらきにより，脳の構造の発達や行動表出が修飾される仕組みを概説したのち，脳（**2–3**）と行動（**2–4**）の性差や個人差とは何かについて考えます。

これらの**1**，**2章**での基礎的な事項の説明に続き，**3章**以降では，ヒトのこころに関する5つの疑問をめぐって，動物心理学者が実際に取り組んでいる研究を紹介していきます。**3章**では，絆がテーマです。最初に同種ではなく，あえてヒトとイヌという異種間での絆に焦点をあてます（**3–1**）。続いて，同種の個体間での絆形成に果たす嗅覚（**3–2**）や聴覚（**3–3**）コミュニケーションの役割や特定の相手を好むようになる過程（**3-4**）を概観したのち，親子の絆に着目し，子育ての過程で，子の成長ばかりでなく，親にも変化が見られる可能性についても言及します。**4章**では，一転して，個人・個体間に見られる葛藤・攻撃（**4-1**），優劣・強弱（**4-2**），嫉妬や妬み（**4-3**）について考えます。これら，一見，ネガティブな行動も，生存に重要な役割を果たしているばかりか，共感や援助行動（**4-4**）につながることを読み解きます。

3，**4章**では，動物の個体間に見られる行動（**社会性行動**）に着目しましたが，残りの３章では，個々の動物がもつ能力や特性について解説します。**5章**では，視覚（**5-1**）や聴覚（**5-2**）を通して，動物が**どのように外界の情報を得ているのか**，さらに，それらをもとに，どのように時間感覚（**5-3**）や日内リズム（**5-4**）を維持しているのかについて説明します。続いて，**6章**では，心理学の長年の中心的テーマである，「**学習と記憶**」にまつわる４つのトピックスについて紹介します。そもそも記憶とは何か（**6-1**），なぜ動物は自分の周りの位置関係を覚えられるのか（**6-2**），眠ることと記憶の関係（**6-3**）や，覚えたことを忘れるということの意味（**6-4**）について解説します。

最後の**7章**では，各々特有の能力や特性をもつ動物個体が直面する「**こころの不調**」について考えます。恐怖の体験，記憶がトラウマとなる過程（**7-1**），薬物に対する依存（**7-2**），日常的なストレスや心的外傷ストレス（**7-3**），社会的ストレス（**7-4**）についての動物心理学研究の成果を概説します。

各章の最後には，動物心理学に関連する興味深い話題を，コラムという形で掲載しましたので，こちらについても，お楽しみください。なお，本書では，神経科学の用語や手法が，詳しい説明なしに登場する場合があります。これらについては，「脳科学辞典」やその他の参考図書などを参照してください。加えて，本書で紹介する多くの行動や脳の機能には，さまざまなホルモンの作用が不可欠です。こちらについては，『脳とホルモンの行動学』（2023）で詳しく述べられています。あわせて参考にしてください。

以上，我われ，動物心理学者が興味をもって，日々，取り組んでいる研究の背景について簡単に解説してきました。ぜひ，皆さんも，「動物行動を支える脳基盤」に関する本書の記述を参考にして，ヒトという「動物」である自分自身の「こころ」の謎に迫ってみてください。

序章 参考図書・WEB 案内

日本動物心理学会監修／藤田和生編（2015）.『動物たちは何を考えている？――動物心理学の挑戦』（知りたい！サイエンス） 技術評論社
脳科学辞典「脳科学辞典：索引」 https://bsd.neuroinf.jp/wiki/
近藤保彦・小川園子・菊水健史・山田一夫・富原一哉・塚原伸治編（2023）.『脳とホルモンの行動学――わかりやすい行動神経内分泌学：カラー版』第２版，西村書店
ベアー，M. F.・コノーズ，B. W.・パラディーソ，M. A.／加藤宏司・山崎良彦・後藤薫・藤井聡訳（2021）.『ベアーコノーズパラディーソ神経科学――脳の探求：カラー版』改訂版，西村書店
カールソン，N. R.／中村克樹監訳（2022）.『カールソン神経科学テキスト――脳と行動：原書 13 版』丸善出版
パピーニ，M. R.／比較心理学研究会訳／石田雅人・川合伸幸・児玉典子・山下博志編集委員（2005）.『パピーニの比較心理学――行動の進化と発達』北大路書房
渡辺茂（2020）.『あなたの中の動物たち――ようこそ比較認知科学の世界へ』教育評論社
ドゥ・ヴァール，F.／松沢哲郎監訳／柴田裕之訳（2017）.『動物の賢さがわかるほど人間は賢いのか』紀伊國屋書店

第1章

脳から探る

こころの基盤は脳なのだろうか？

1–1 脳は何からできているの？

脳の構造

こころの座としての脳　こころが脳のはたらきであるという考えは，現代の私たちには常識となっているように思います。その一方で，例えば緊張して心臓がドキドキしたときなど，自分のこころがあたかも胸のあたりに宿っているように感じられるかもしれません。心拍のこういった変化が実際には脳からの指令によって引き起こされていることを考えれば，「こころの座」にふさわしい臓器は，やはり脳ということになるでしょう。動物心理学でも脳の研究が数多く行われていて，こころのことを知りたい研究者にとって，脳はとても魅力的な研究対象です。

ヒトも，さまざまな動物たちも，地球上での長年の進化の過程を経て，今それぞれに異なった姿で存在しています。脳の形を比較した図 1-1-1 を見ると動物種間で違いがあり，ヒトでは特に大脳の占める割合が大きいことがわかります。ただ，脳を構成する要素は，魚類・は虫類からヒトに至るまで，かなり共通しているともいえます。

ヒトも動物も「細胞」の集まりでできており，1 人のヒトを作り上げている細胞の数は 37 兆とも 60 兆ともいわれています。細胞のうち，脳に独特のはたらき，つまり入力信号に情報処理を施して出力する，ということを可能にしているのは，次にご紹介する神経細胞（ニューロン）です。

脳の主役：神経細胞　神経細胞（ニューロン）のおもなはたらきは，信号を受け取り，それを次の神経細胞に伝えるかどうかを決定し，伝える場合には信号の強度やタイミングに応じた出力をする，ということです。この一連のはたらきを実現している神経細胞は，この次のトピック 1–2 の図 1-2-2 を見ていただくとわかるように，とても特徴豊かな形をしています。

神経細胞の形態上の特徴の 1 つは神経細胞体から突起が伸びていることで，木の枝の形を彷彿とさせるこの突起のことを樹状突起といいます。別の神経細胞からの入力信号は，おもに樹状突起や神経細胞体のどこかに届きます。神経細胞から神経細胞へ信号が伝えられる結合部分のことをシナプスといい，1 つの神経細胞が百や千の単位，場合によっては万の単位の数のシナプス部位をも

図1-1-1　さまざまな動物の脳

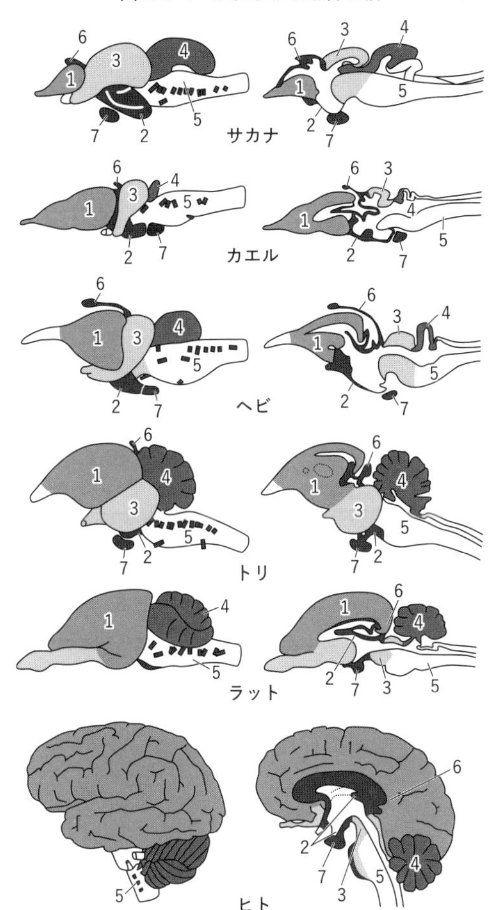

左側から見た図（左列）および断面図（右列）を示しています。サカナからラットまでの脳は拡大して描いてあります。1：大脳半球，2：間脳，3：中脳，4：小脳，5：延髄，6：松果体，7：下垂体。
（出所）時実，1966 をもとに作成。

つ場合もあります。

一方，神経細胞体からは樹状突起とは別の突起が1本出ており，この突起のことを軸索といいます。軸索は，この神経細胞が信号を伝えるべき相手の神経細胞まで伸びています。軸索に沿って信号が端まで伝わり（伝導という），この最後の端である軸索終末から，神経伝達物質（1-2 参照）として作用する化学物質が放出され，受け取る細胞に届くことになります（伝達という）。

脳全体の神経細胞の数は正確にはわかりませんが，ヒトの大脳の外縁部分にあたる大脳皮質には約140億個の神経細胞が存在するといわれています。神経細胞同士が連絡し合ってできている神経回路網が，脳の情報処理を担う生物学的基盤といえます。

脳の情報処理を担う主役は神経細胞といえますが，神経細胞だけ独立して存在することはできず，神経細胞を助けてくれる役者たちがいます。次にご紹介しましょう。

脳の主役を支える役者たち　脳の隙間を埋めるかのように，たくさんのグリア細胞が存在しています。数としては神経細胞よりもグリア細胞のほうが多いといわれています。かつては，神経細胞をそれぞれの位置にとどめておくための糊づけがグリア細胞の役割と考えられていましたが，今では，神経細胞がはたらくために必要な物質を供給したり，不要物を除去したり，さらには神経細胞間の信号伝達に関わったりすることもわかってきました。グリア細胞の一部は，神経細胞の軸索の部分に巻きついて髄鞘という組織を作り，神経細胞の信号が軸索に沿って進む際の速さを顕著に早める役割を担っています。

もう１つ，神経細胞を支える重要な役者として，血管が挙げられます。血管の中を流れる血液によって脳に酸素やエネルギー源（ブドウ糖）が常に運ばれてはじめて，神経細胞は生き続けることができます。脳には太い血管とともに隅々まで毛細血管が張り巡らされ，脳のどの部分にも血液が到達するようになっています。

ちなみに，脳のすべての部分に細胞がぎっしり詰まっているわけではなく，脳の中にいくつかの空間部分があります。その空間のことを脳室といい，脳脊髄液で満たされています。脳室の部分まで神経細胞がぎっしり詰まっていたほうが，情報処理がもっとたくさんできたのにと思われるかもしれませんが，液体で満たされた脳室があることによって，何かの拍子に外から脳に力が加えられた際に，その衝撃を弱めてくれるクッションとしての役割も担っています。一見，無駄な空間のようにも思える脳室も，脳を守るという点で大切な部分といえるでしょう。

脳の神経細胞は，からだ全体で見た場合には神経系に属します。脳や，脳からつながっている脊髄などの中枢神経系や，さらにそれらと信号のやりとりをする末梢神経系も含め，一人のヒト，一個体の動物の中に張り巡らされた神経回路網が，さまざまな行動を支えています。

1-2　脳で情報はどのように伝わるの？

神経細胞のはたらき

1-1 で紹介したように，ヒトの脳（大脳皮質など）の**神経細胞**が興奮すると，電気的な信号が別の神経細胞に伝わります。これが脳での情報伝達の基本であり，ヒト以外の動物の脳でも同じ様式で情報が伝わります。

神経細胞が活動するということ　　神経細胞が興奮（活動）するとき，その神経細胞には**活動電位**という急激な細胞内外の電位差の変化が生じます。神経細胞が休止しているときには，細胞内外には約 70 ミリボルト（細胞内がマイナス）の電位差があり，これを**静止膜電位**といいます（図 1-2-1）。なぜこのような細胞内外の電位差が生じるかというと，その理由は以下の 3 つです。1 つはそもそも細胞内にはマイナスの電荷を帯びたタンパク質が多く存在すること，2 つめは細胞膜上に存在するイオンの出入り口（イオンチャネル）のうちナトリウムチャネルだけが通常は閉じられていて，プラスの電荷を帯びたナトリウムイオン（Na^{+}）が細胞内に入っていけないこと，そして 3 つめは，タンパク質の存在によって細胞外と比較してマイナスに傾いた細胞内に，細胞膜を比較

図 1-2-1　静止膜電位（左）と活動電位（右）

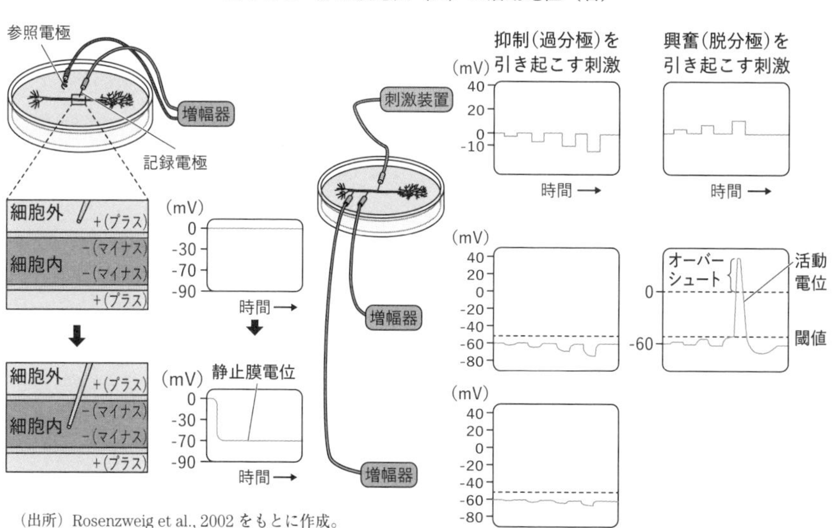

（出所）Rosenzweig et al., 2002 をもとに作成。

的自由に通過できるカリウムイオン（K^+）が多く存在することになりますが，細胞内外でK^+の濃度を均等にしようとする力も同時に作用することです。すなわち静止膜電位というのは，K^+の細胞内外の移動において，プラスとマイナスが引きつけ合う力と細胞内外で濃度を均一にしようとする力が均衡するところで生まれています。またもう1つ，細胞膜上にはナトリウム－カリウムポンプという，エネルギーを利用して細胞外へNa^+を押し出し，K^+を細胞内へ取り込む機構も存在していて，これも静止膜電位に関わっています。

神経細胞が活動するとき，細胞膜上のナトリウムチャネルが一瞬開くことによって，細胞外に多く存在するNa^+が一気に細胞内へ流入してきます。これによって細胞内外の電位差が解消されるわけですが，一定の電位差（約－40ミリボルト，これを閾値という）に到達するとさらにナトリウムチャネルが開いてNa^+が細胞内へ流入し，その結果，細胞内外の電位差のプラスとマイナスが逆転することになります。これが活動電位であり，その大きさは一定で，細胞内外の電位差が閾値に到達すると一定の大きさの活動電位が発生することから，全か無かの法則とよばれます。

情報の伝導と伝達　神経細胞には，その軸索に絶縁体の役割を果たすミエリン髄鞘がある有髄神経と，ミエリン髄鞘がない無髄神経があります。有髄神経は無髄神経に比べて情報の伝導速度が速く，1メートルの軸索を7ミリ秒の速さで活動電位が伝わっていきます。無髄神経では，軸索上に並んだナトリウムチャネルが連続的に開くことで細胞外に多く存在するNa^+が細胞内に流入し，それによって活動電位が伝導していくわけですが，有髄神経ではミエリン髄鞘の切れ目（ランビエ絞輪）のみで同じようなNa^+の細胞内への流入が見られ，それによって跳躍するように伝導（これを跳躍伝導という）していくことから伝導速度が無髄神経より速くなります（図1-2-2）。

軸索終末からの信号を受け取るのは，神経細胞体やそこから枝分かれした樹状突起ですが，ほとんどの場合，軸索は情報を伝える相手の神経細胞に直接つながっているわけではありません。軸索の末端部分と情報を受け取る側の神経細胞体や樹状突起の間には少しの隙間（約0.02μm）が空いています。この部分をシナプス，そしてその隙間のことをシナプス間隙といいます（図1-2-2）。軸索終末部（プレシナプス）には細胞体で合成された神経伝達物質がシナプス小胞に保管されており，活動電位が軸索を伝導して末端部まで到達すると，シナプス小胞がシナプス間隙に向かって移動し，神経伝達物質がシナプス間隙に放出されます。そして，シナプス間隙に放出された神経伝達物質が受け手側（ポストシナプス）の神経細胞体や樹状突起に存在する受容体（レセプター）タンパク質に結合することで興奮性あるいは抑制性の電位変化が生まれます。

神経伝達物質には，グルタミン酸やγ-アミノ酪酸（GABA）などのアミノ酸，ノルアドレナリンやドーパミン，セロトニンなどのモノアミン，そしてバソプレッシンやソマトスタチンなどのペプチドがよく知られており，またアセチルコリンや一酸化窒素，一酸化炭素なども神経伝達物質です。神経伝達物質には興奮性のものと抑制性のものがあり，興奮性の神経伝達物質（例えばグルタミン酸）が受け手側の神経細胞のグルタミン酸受容体に結合すると興奮性の電位変化（興奮性シナプス後電位）が発生し，逆に抑制性の神経伝達物質（例えばGABA）がGABA受容体に結合すると抑制性の電位変化（抑制性シナプス後電位）が発生します。そして受け手側の神経細胞での電位変化が前述した閾値に到達すると活動電位が発生し，それが軸索終末まで伝導し，そこから神経伝達物質が放出されて次の神経細胞へと情報が伝達していくわけです。

図 1-2-2　神経細胞（ニューロン）とシナプス

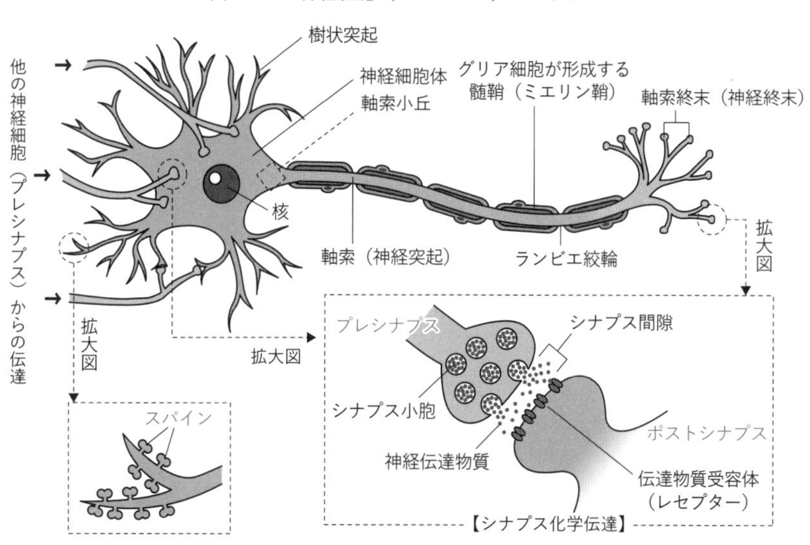

1–3 脳の大きさと頭の良さは関係あるの？

脳の系統発生と知能

さまざまな動物の脳の大きさ　中枢神経系である脳は，情報処理の中央司令塔です。したがって，大きな脳をもつ動物ほど頭が良い（賢い，知能が高い）と思うのは自然かもしれません。

地球上で最も大きな脳をもつ動物種はマッコウクジラで，平均脳重は雌で6500gくらい，雄で8000gくらいで，記録された最大脳重は9200gです（Cozzi et al., 2016）。なお，シャチでは脳重9300gという個体の報告例があるものの，平均ではマッコウクジラよりも1000gあまり軽いようです（Ridgway & Hanson, 2014）。陸上の動物ではアジアゾウやアフリカゾウの脳が最も大きくて約4000～5000gですが，脳重9000gと推定される例も確認されています（Shoshani et al., 2006）。ちなみにヒト（成人）の脳は1200～1500gですから，こうした動物の脳はその数倍の大きさ（重さ）ですね。では，マッコウクジラやゾウはヒトより数倍も頭が良いでしょうか？

クジラやゾウは体も大きいですね。そこでジェリソン（Jerison, 1973）はさまざまな脊椎動物について，体重と脳重の関係を図にしてみました。そうすると，脳重は体重の約2/3乗におおむね比例することがわかりました（図1-3-1）。そこで，体重から予想される脳重を計算し，実際の脳重がその何倍にあたるかを求めて，これを**脳化指数**（encephalization quotient）と名づけました。脳化指数はヒト7.44，イルカ5.31，チンパンジー2.49，アカゲザル2.09，ゾウ1.87，クジラ1.76，

図1-3-1　系統発生別の各動物種の体重と脳重の関係

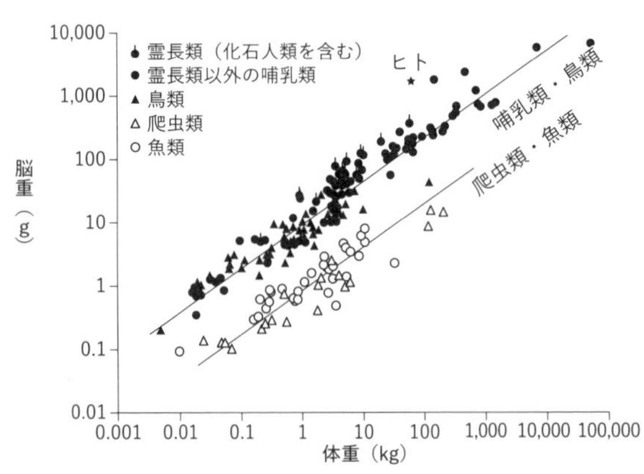

極小の動物から巨大な動物まで図示するため，体重（横軸）も脳重（縦軸）も対数表示になっています（主目盛が1つ増えると10倍になります）。
（出所）Jerison, 1973を一部改変。

キツネ 1.59，……といった値になりました。これは，一般の人が抱く動物の頭の良さのイメージ（Nakajima et al., 2002）とほぼ対応しています。

しかし，脳化指数で頭の良さをうまく示せるかというと少し問題があります。例えば，イヌの脳化指数は 1.17，ネコでは 1.00 で，リス 1.10 やブタ 1.01 とあまり変わりません。ちょっとイメージと違いますね。また，オマキザルの仲間は手先が器用ではあるものの，道具使用や迷路課題（**2-2** 参照）など知的な作業ではチンパンジーに劣ります（Visalberghi et al., 1995; Fragaszy et al., 2003）。しかし，脳化指数はチンパンジーよりも高くて，例えばシロガオオマキザルでは 4.79 もあるのです（Roth & Dicke, 2005）。

知　　能　ところで，「頭の良さ」とは何を意味するのでしょうか？ 心理学では頭の良さを「**知能**（知性：intelligence）」という言葉であらわします。その定義は学者によってさまざまですが（Thorndike et al., 1921），それらは①環境適応能力，②学習能力，③抽象的思考能力の 3 つに大別できます。

動物種は皆，生息環境にうまく適応していますから，知能を環境適応能力とみなすなら，動物種の知能はすべて等しいことになります。学習能力はどうでしょうか？ 図 1-3-2 はいくつかの動物種について，単純な課題を習得するまでの訓練回数を示したものです。驚いたことに，脳が大きい動物ほど多くの訓練を必要としています。しかし，より複雑な学習や，知能の第 3 の定義である抽象的思考能力では，大きな脳をもち，脳化指数が高い動物が秀でている（ただし，例外もある）といえます。

脳の系統発生と知能の起源　図 1-3-2 で紹介した学習課題は，行動とその結

図 1-3-2　報酬学習の種間比較

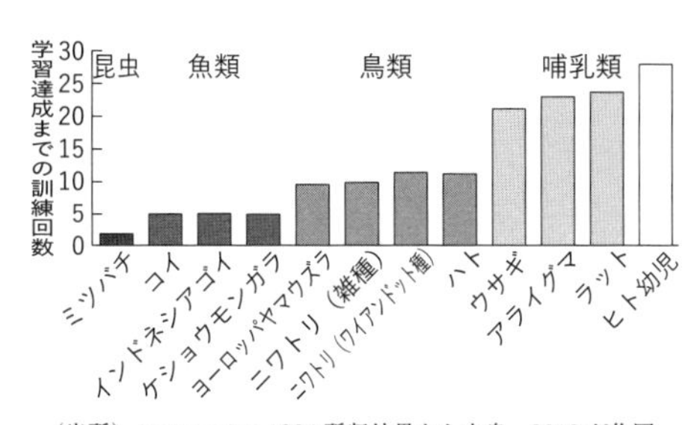

（出所）Angermeier, 1984 所収結果から中島，2019 が作図。

各動物種が容易に習得できる単純な行動を食物を報酬として訓練した結果です。訓練した行動は，ミツバチではガラス皿への飛来，魚類では棒押し，鳥類ではキーつつき，ウサギでは穴への鼻先突込み，アライグマやラットではレバー押し，ヒト幼児では頭の向きを変えることでした。訓練した行動を十分に獲得するまでの訓練回数が多いほど学習能力が低いことを意味します。

果（例：食物）の結びつきを学ぶもので，道具的条件づけとよばれています（オペラント条件づけともいいます）。一方，パヴロフの条件反射のように，信号（例：ベルの音）と結果（例：食物）の結びつきを学ぶ課題は，古典的条件づけです（レスポンデント条件づけともいいます）。これら2種類の条件づけは連合学習と総称されます。ほとんどの動物が連合学習の能力をもちますが，神経系をもたないカイメンや原生動物では連合学習ができないと考えられています（図1-3-3）。多数の神経細胞が集まって塊となった中枢神経と末梢神経からなる集中神経系が連合学習に必要だと推測されていますが（Ginsburg & Jablonka, 2010），神経細胞がからだ全体に散らばる散在神経系をもつ腔腸動物のイソギンチャクでも連合学習の成功報告があります。正式な論文としてはこれまで1つだけで（Haralson et al., 1975），さらなる再現実験の必要性が指摘されていましたが（Cheng, 2021；Loy et al., 2021），2023年に新たな成功報告が発表されました（Botton-Amiot et al., 2023）。

図1-3-3　さまざまな動物の神経系の系統発生と連合学習の成績

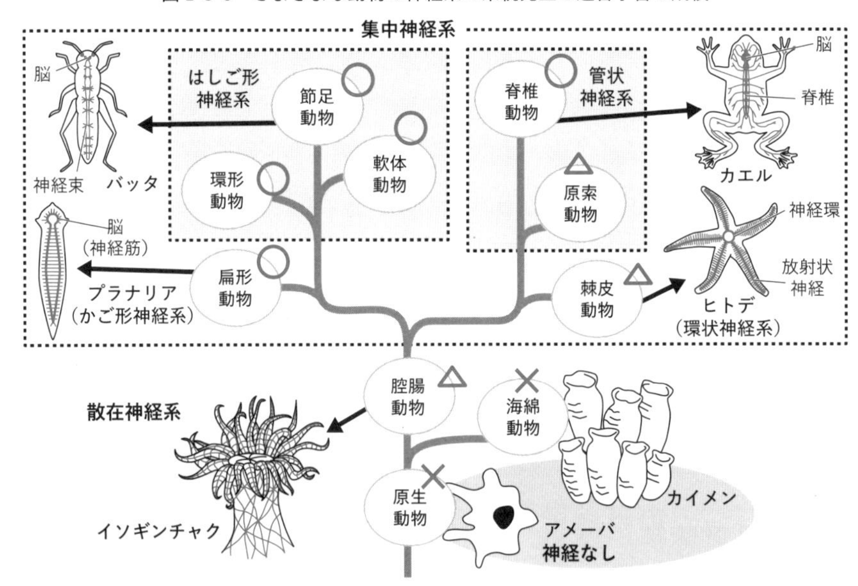

連合学習が可能な動物は○，証拠不十分な動物は△，不可能だと考えられている動物を×で示しています。
（出所）中島，2017を一部改変。

1-4 脳はどのように決断しているの？

意思決定の脳メカニズム

価値と意思決定　単純な神経系（脳）は，感覚情報と運動情報を 1 対 1 に対応させます。例えば，カエルは目の前を横切るハエ（餌）でも，レーザーポインターの光でも，舌を伸ばして飲み込もうとします。カエルの神経系を形成する遺伝子には，網膜に映った動く物体には舌を伸ばして食べるように書かれているのでしょう。しかし，ヒトのように神経系が複雑になると，目の前に食べ物があるからといって，必ずしも食べるとは限りません。おなかをすかせて商店街の入り口にあるラーメン屋の前を通っても，そこに入らないかもしれません。奥にあるラーメン屋のほうが美味しいと知っているからです。このように選択する心理的機能のことを，意思決定といいます。脳はどのようにして意思決定をするのでしょう？ 学習機能は不可欠です。私たちは，過去に食べたイチゴとバナナの経験をもとに，その美味しさを学習します。つまり，イチゴを見たときに思い出すイチゴの美味しさとバナナの美味しさを比べて，どちらを食べるか決めます。これを，例えば，値段のような数値で表現することもできます。数値化してしまえば，選択は簡単です。このように数値化された美味しさのことを，価値とよびます。一般的に価値とは，それを手に入れたときの嬉しさの程度のことです。言い換えれば，報酬（あるいは罰）の予測です。意思決定の脳科学は，価値を作り出す脳メカニズムの研究から始まります。

ドーパミンと報酬予測誤差　20 世紀の終わりに，価値の脳メカニズムに関する大きな発見がありました。ドーパミン細胞の報酬予測誤差応答です（Schultz et al., 1997）。ドーパミンは神経伝達物質（**1-1** 参照）の一種で，中脳の黒質（緻密部）と腹側被蓋野の神経細胞で産生されます。このような神経細胞は，ドーパミン細胞とよばれ，細胞体で活動電位（**1-2** 参照）が発生すると，軸索の投射先である大脳基底核や大脳皮質でドーパミンが放出されます。この投射経路に沿った脳部位を電気刺激して人為的なドーパミンの放出を促すと，餌などの報酬を与えたときと同じような行動が見られることから，ドーパミンは動機づけと密接な関係があると考えられてきました。これに対して，シュルツら（Schultz et al., 1997）は，ドーパミン報酬予測誤差説を提唱します。報酬予測

図 1-4-1　ドーパミンニューロンの報酬予測誤差活動

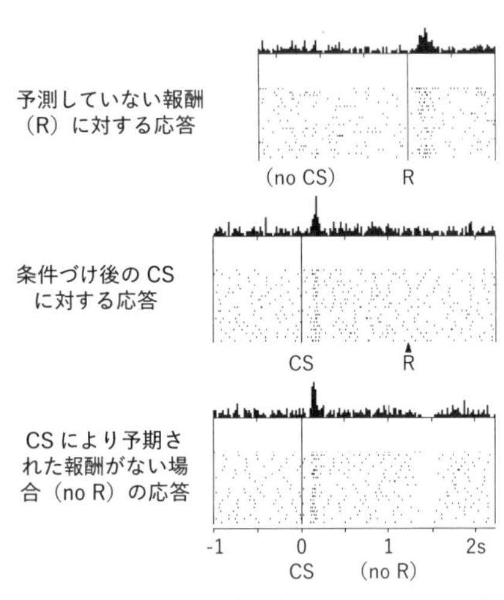

活動電位の発生した時点を点で示しています。1 行は 1 試行で，それぞれのパネルは数十試行を繰り返した結果で，上のヒストグラムは平均発火を表します。横軸は時間で，CS は条件刺激の呈示，R は報酬の呈示時点を示しています。

（出所）Schultz et al., 1997 より。

誤差とは，実際に与えられた報酬とその前に予測していた報酬の差のことで，サルの中脳ドーパミン細胞の**活動電位記録実験**から，この説が生まれました。図 1-4-1 は，サルに報酬（R：この場合はジュース）を与えたときのドーパミン細胞の応答です。サルが予測していないときにジュースを与えると，ドーパミン細胞は図 1-4-1 上の図のように応答します。次に，視覚刺激（例えば光刺激）を条件刺激（CS），ジュースを無条件刺激としてサルに古典的条件づけを行うと，ドーパミン細胞は，ジュースを与えても応答しなくなり，それに先立つ条件刺激（光）の呈示に応答するようになります（図 1-4-1 中）。サルの期待を裏切って，条件刺激（光）の後ジュースを与えないようにすると，ドーパミン細胞の応答は一時的に下がってしまいます（図 1-4-1 下）。条件づけ前は，報酬を期待していないときにジュースがもらえますから，正の報酬予測誤差（正の報酬 − 報酬 0 の予測）が生じ，ドーパミン細胞の活動は上昇します。しかし，条件づけ後，報酬が来ると予期されているときにジュースが与えられても，報酬予測誤差（正の報酬 − 正の報酬期待）は 0 なのでドーパミン細胞の活動に変化はありません。逆にジュースが与えられないと負の報酬予測誤差（報酬 0 − 正の報酬期待）が生じて，活動は減少します。ドーパミン細胞が報酬予測誤差に応答するということは，呈示される刺激が報酬と関係しているかどうかについての知識を書き換えるための信号（つまり教師信号）になっているわけです（**強化学習**）。脳の仕事は報酬を予測すること，すなわち価値の学習にあります。報酬予測誤差信号は，大脳基底核でのドーパミンの放出という形で伝えられて，報酬予測情報（価値）を作り出すことに使われていると考えられます。正しく報酬予測ができるようになると報酬予測誤差は0になり，ドーパミンは放出されません（図1-4-1中）。このように，バナナの価値もイチゴの価値も大脳基底核で学習されると考えられています。脳はこの価値情報を使って意思決定をしているのです。

脳の中の2つの意思決定プロセス　ドーパミンが関わる価値の学習には，必ず経験が必要です。しかし，私たちは経験していなくても，過去の経験を組み合わせて推論することができます。私たちは，まだ行ったことがなくても，明日福岡にも札幌にも行くことができます。過去の経験を組み合わせて推論を行い，これをもとに意思決定を行うような機能は，大脳皮質，特に前頭前野にあると考えられています（Pan et al., 2008 ; Tanaka et al., 2015）。

ドウら（Daw et al., 2005）は，条件づけのように，刺激や反応に伴い報酬や罰が起こり，それらの関係性についての学習が生じるような過程を「モデルフリープロセス」とよび，これには大脳基底核線条体が重要な役割を果たしているとしました（図1-4-2上）。モデルフリープロセスにおける学習には，中脳ドーパミン細胞の報酬予測誤差情報が決定的な役割を果たしており，この情報が大脳基底核に運ばれ，古典的条件づけや道具的条件づけを形成すると考えられています（Schultz et al., 1997 ; Samejima et al., 2005）。それに対して，刺激や反応の生起とその結果として起こる報酬や罰の間に内的な表象を介在させる学習過程を「モデルベースプロセス」とよびました（図1-4-2下）。内的表象（スキーマ）とは，刺激や反応の間の状態遷移（状態の連鎖的つながり）を学習したものであり，この学習には報酬や罰による強化は必ずしも必要ではありません。ドウらは，モデルベースプロセスの核は状態遷移学習にあり，これには大脳新皮質，特に前頭前野が重要な役割を果たすと考えました。このように，脳には少なくとも2つの意思決定システムがあり，最終的な意思決定はこれらのシステムの競合と協調により行われていることが明らかになっています。

図1-4-2　モデルフリープロセスとモデルベースプロセス

モデルフリー
ハビット・条件づけ
大脳基底核　刺激 → 反応
価値
学習

モデルベース
目的指向的行動（目的に向けて選択肢を探る行動）
前頭前野　刺激 ⟷ 反応 ⟷ 目標の価値（報酬・コスト）
思考

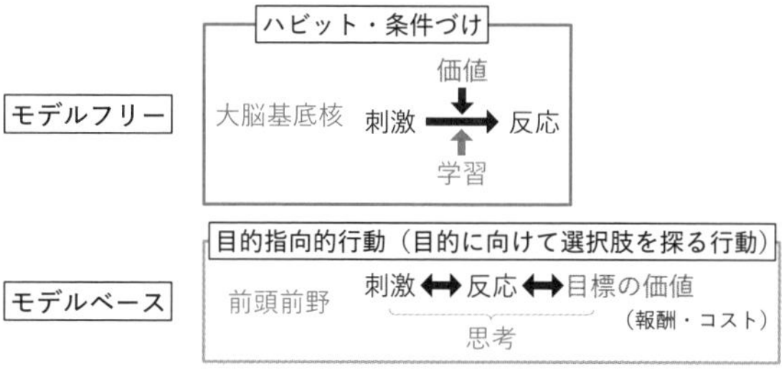

コラム① 動物心理学の歴史

動物心理学，すなわち動物のこころについて考える学問はいつごろから始まったのでしょうか。現在の心理学の原型が大学で教えられるようになったのは 1870 年代以降ですが，そもそも心理学は哲学に医学（生理学）と生物学（進化論）の影響を加えて誕生したようなものなので，当初から人間以外の動物に関する学問と縁が深かったといえます。例えば，心理学の授業に実験を取り入れたパイオニアであるドイツのヴントには『人間と動物の心に関する講義』（Wundt, 1863）という著作があり，そのなかで動物心理学という語もつかっています。

イギリスの比較心理学のはじまり　19 世紀後半になると，進化論の影響下でさまざまな能力の違いを動物間で比較するという意味で，**比較心理学**という用語も動物心理学とほぼ同義でつかわれるようになりました。イギリスのロマーニズの『動物の知能』（Romanes, 1882）はその最初の 1 冊といえるものですが，原生動物から始まって，軟体動物，昆虫類，魚類，は虫類，鳥類，哺乳類など系統発生別に何ができるかについて論じています。ロマーニズは序章で，「人間では本能に対して**理性**という用語をつかうところだが，動物（例えばカキ）に理性というのは合わないので，**知能**（intelligence）という語をつかう」と書いています。この「動物の知能」という表題はカナダの比較生理学者ミルズの『動物の知能の性質と発達』（Mills, 1898）やアメリカの心理学者ソーンダイクの博士論文「動物の知能」（Thorndike, 1898）にも引き継がれています。

1890 年代になるとイギリスのモーガンが『比較心理学入門』（Morgan, 1894）を著し，動物の能力を比較するための実験など方法論に踏み込みます（のちに**モーガンの公準**とよばれる「試行錯誤学習のような低次の心的能力で解釈できる行動を推論のような高次の心的能力の結果とみなすべきではない」という動物心理学の原理は本書で述べられています）。ちょうど世紀が替わる 1900 年前後から，動物の研究に問題箱や迷路などの特殊な装置を用いて実験することが増えていくのですが，それと同時に英語圏ではふるまいをあらわす conduct という語が**行動**（behavior）に取って代わられる現象が認められます。モーガンが旧作『動物の生活と知能』を改訂して 1900 年に出版した著作はその名もずばり『動物の行動』（Morgan, 1900）といい，本能的行動や社会的行動，知的行動など，行動というキーワードでまとめているのが特徴です。

アメリカ心理学と行動主義　さらに 1909 年にパヴロフ（Pavlov, I.）の**条件づけ**の研究が紹介されると（Yerkes & Morgulis, 1909），アメリカでは行動の研究の中心を学習が占めるようになります。アメリカの女性心理学者ウォッシュバーンが著した『動物の心――比較心理学教科書』（Washburn, 1908/1917）を読むと，**学習**という用語が 20 世紀初頭までに定着したことがわかります（ただし，条件づけという用語は 1920 年代になるまで「パヴロフの方法」とよばれるのが一般的でした）。1910 年代初頭には一般の心理学の教科書にも「心理学は行動の科学である」と書かれるようになっていましたが，1913 年になるとワトソンの**行動主義宣言**（Watson, 1913）が発表され，動物と人間の間に境界線を設けないという立場の下で動物の行動研究が盛んになります。行動主義の時代を迎えると，必然的に動物の“意識”や“心”という表現はつかわれなくなりました。

日本における動物心理学　ところで，日本ではどのように動物心理学や比較心理学が研究されてきたのでしょうか。日本で最初の大学である東京大学が 1877 年に開設されたとき，大森貝塚の発見で知られるアメリカ人モース（Morse, E. S.）が大学に招聘され日本で初めての進化論の講義が行われました。本国アメリカで進化論を論じると抗議や批判を受けてきたモースは自分の講義が聴衆に受け入れられたことに驚いていたようですが，野生のニホンザルや猿回し芸に慣れた日本人にしてみれば，種のつながりを論じることは当然のことだったと考えられます。20 世紀初頭に東京帝国大学（現在の東京大学）に**心理学実験室**が設置されると，増田惟茂（ますだ これしげ）による小鳥や魚類の学習実験が行われるようになり，これが日本で最初の動物心理学の研究にあたります（高砂，2010）。同じく東京帝大の卒業生の一人である黒田亮（くろだ りょう）は，は虫類や両生類や魚類の聴覚に関心をもち，計 3 編の英語論文を 1920 年代に海外の専門誌に発表しています。日本でも前述のウォッシュバーン『動物の心』（1908）やモーガン『比較心理学入門』（1894）が大正時代に邦訳されていますが，黒田亮の著した『動物心理学』（1936）は前半が知覚について，後半が学習に関するもので，戦前の動物心理学の集大成といえます。

コラム② 動物実験倫理

この本にはさまざまな研究が紹介されていますが，その多くが動物の犠牲の上に成り立っていることは間違いありません。ですから，そもそもこのような動物実験を行うことに対して，強い抵抗感をもつ方もいらっしゃるでしょう。ただ，理解していただきたいのは，私たち研究者も，野放図に動物実験を行っているのではないということなのです。

3つのR　動物実験に関する倫理的原則として国際的に広く採択されているものに，ラッセル（Russell, W. M. S.）とバーチ（Burch, R. L.）が 1959 年に提唱した「3つのR」があります（**表1**）。ここに記されている通り，動物実験は，科学的目的を損なわずに代替可能な手段がある場合は行ってはならないし，やむをえず行う場合でも，その数をできるだけ少なく，そして動物に苦痛を与えない方法で実施しなければいけません。そして，この 3R 原則は，わが国の「動物の愛護及び管理に関する法律」（**動物愛護管理法**）に明記されており，動物実験を行う研究者の義務として位置づけられています。ですから，私たちは常にこの 3R を念頭において，本当にそれが必要なことなのか，適切なやり方なのかを自問しながら研究を行っています。

倫理規定と倫理審査委員会　もちろん，このような原則は，個々の研究者の心がけだけでうまくいくようなものではありません。絵に描いた餅にならないために，それを達成するための具体的手段を整えなければいけません。先述の動物愛護管理法や環境省が定めている「実験動物の飼養及び保管並びに苦痛の軽減に関する基準」などに基づき，各研究機関が動物実験の倫理規定や実施要領を定めており，また，倫理審査委員会を設けて，実験を行う前にその計画を審査し，それがきちんと倫理規定や実施要領に従っているか判断します。もちろん，その研究の目的や社会的意義まで含めて「適切」と判断された実験のみが許可されますので，無駄に動物を苦しめるような実験が行われることはありません。さらには，この本を監修している動物心理学会を含めて，動物実験に関わるさまざまな学会は，それぞれ倫理規定等を定めており，それに逸脱した論文は，その学会の発行する雑誌に掲載されることがないようになっています。研究者にとって論文が載るかどうかは死活問題ですので，動物に対してあえて不適切な取り扱いをしてまで研究しようという研究者はいないわけです。

人間社会や動物福祉への貢献　そうはいっても，動物実験が全く動物に苦痛を与えることなく行われているわけではないということも事実です。また，時代や文化

表 1　動物実験における 3R の原則

Replacement（代替）	できる限り動物を用いない代替法を利用すること
Reduction　（削減）	できる限り使用される動物の数を少なくすること
Refinement　（改良）	できる限り動物に苦痛を与えないよう，方法を洗練すること

的背景によって倫理的な正しさは異なりますので，何が「適切」かについてはいろいろな考え方があるでしょう。「動物を人間のために利用することは人間のエゴでしかなく，どんなことがあっても絶対に許されないのだ」という考えも，決して否定されるべきものではありません。ただ，多くの場合実験動物は，食用のための家畜と同様，その目的のために繁殖・飼育されてきた動物です。また，ペットであっても，その行動や生活範囲を規制しているという意味では，目的のために人間のエゴで動物を利用していることに変わりありません。それが許容されているのは，動物を利用することによって我われの生活が豊かになるからです。動物実験がなくなったからといって，動物の犠牲によって我われの現代社会が成り立っていることには変わりありません。そうであるならば，私たち研究者にできるのは，動物に感謝し，その命を無駄にしないためにも，よりよい研究を行い，その知見を社会に還元していくことだろうと私は思います。

また，動物心理学の研究は，人間のためだけではなく，動物自身の福祉にも貢献します。動物のことをよく知らなければ，その動物に対してどのような取り扱いが「適切」であるのか判断できません。動物にはそれぞれ適応した物理的・社会的環境があり，人間にとって「快適」であることが，必ずしもすべての動物にとって「快適」とは限らないからです。実際，この本で紹介したような動物の「感覚・知覚」や「社会性」などの研究が進むことによって，より適切な飼育・管理方法や研究手法，あるいは保護の方法が提案されてきたという事実もあります。だからこそ，動物心理学研究における動物実験の意義と価値を，多くの人たちに理解していただく必要があると私たちは考えています。

第 1 章 参考図書・WEB 案内

河合良訓監修／原島広至文・イラスト（2005).『脳単――語源から覚える解剖学英単語集［脳・神経編］』NTS

ピアース，J. M.／石田雅人他共訳（1990).『動物の認知学習心理学』北大路書房

ヴァール，F. de／松沢哲郎監訳／柴田裕之訳（2017).『動物の賢さがわかるほど人間は賢いのか』紀伊國屋書店

河村満編（2021).『連合野ハンドブック――神経科学×神経心理学で理解する大脳機能局在：完全版』医学書院

森旭彦（2022).「ひとがハマるとき，脳はどうなっているのか。『嗜好する脳』の正体：脳科学者・坂上雅道」DIG THE TEA　https://digthetea.com/2022/12/masamichi_sakagami_pt1/

森旭彦（2022).「嗜好品で，脳は“モラル”から開放され，“野生”を楽しむようになる：脳科学者・坂上雅道」DIG THE TEA　https://digthetea.com/2022/12/masamichi_sakagami_pt2/

鍵山直子（2009).「わが国における動物実験倫理指針の運用と課題」『動物心理学研究』59 (1)，131-134.

パピーニ，M. R.／比較心理学研究会訳／石田雅人・川合伸幸・児玉典子・山下博志編（2005).『パピーニの比較心理学――行動の進化と発達』北大路書房

中島定彦（2019).『動物心理学――心の射影と発見』昭和堂

第2章

動物の多様性から探る

こころと脳の個人差はどう作られるのか？

2-1　行動は遺伝するの？

行動の遺伝学的研究

しばしば親子で似た性格を目にすることはないでしょうか？ 例えば，社交的な親に似て，人付き合いが上手な子を目にすることがあると，「社交的な性格が遺伝したのかしら」と思うかもしれません。あるいは「育て方で親の性格にだんだん似てくるんだね」と思う人もいるでしょう。これらの可能性について，いったいどのように研究が進められてきたのでしょうか？

生まれか育ちか？　行動には**遺伝要因**（Nature）と**環境要因**（Nurture）のいずれが関わっているのか？この問いは**行動遺伝学**がはじまったときからの大きな疑問でした。この問題には，双子（双生児）を用いた研究から答えが示されました。通常のきょうだいと遺伝的な一致率が同じレベルである**二卵性双生児**と比較して，遺伝的に全く同一である**一卵性双生児**は，お互いにきわめて似た行動や性格など（**形質**とよぶ）を示すことが知られています。一卵性双生児同士が100%同じ遺伝子組成をもっているのに対し，二卵性双生児は総遺伝子のうち約50%が同じであり，この割合は通常のきょうだい間で見られるレベルと同じです。ある形質について，双生児間で似ている程度を調べて，一卵性双生児同士が互いに似ている程度が，二卵性双生児間での似ている程度に比べて2倍になっている場合には，その形質に遺伝的要因が関与しているといえます。一方，2倍に満たない場合は環境要因も関係していると解釈されます。このような方法により，多くの行動や性格に関わる指標において遺伝的要因と同時に環境要因の関与が示されてきました。

心理学研究で提唱されているヒトの**パーソナリティーの5因子**（外向性，調和性，誠実性，神経症傾向，開放性）についても上に示したような方法で環境要因と遺伝的要因の関与が繰り返し示されてきました。多くの研究で共通して明らかになったのは，パーソナリティーのどの因子にも環境要因と遺伝的要因がそれぞれ半分程度関与しているということでした（Riemann et al., 1997）。つまり，ヒトにおける性格の個人差と遺伝的関係性から導き出した結論は，性格形成において環境要因と遺伝的要因はともに同程度関与しているという何とも曖昧なものとなったのです。

モデル動物で見る行動の系統差　動物心理学研究においても，近交系マウスを用いて，双生児研究の場合と同様に，特定の形質における遺伝的要因と環境要因の関与を明らかにしようとする研究が数多く行われています。近交系とは，同腹の雌雄を交配するということを，20 世代以上繰り返すことで集団内の遺伝的なバラツキをなくしたものです。同一の近交系に属するすべての個体は，ほぼ同じ遺伝子の組成をもっているので，ある形質について，異なる近交系の間（系統間）で解析して比較することで，どの程度遺伝的要因が形質の違いに関わっているかを知ることができるのです。これまでに，不安・情動性，攻撃性，学習能力，薬物依存，社会性，共感性などに関連するさまざまな行動について解析されてきました。ここでは，オープンフィールドテストを用いて情動性に関連する行動を測定し，その結果を系統間で比較した例を紹介します。

オープンフィールドテストは，広くて明るく新奇な場面にマウスを置いて行動を観察するものです。マウスは夜行性で不安傾向が高いため，通常，暗い場所を好み，開けている明るい場所を避けるので，オープンフィールドテスト装置に入れられると，中央の区画を避ける傾向があります（図 2-1-1A）。複数の異なる近交系マウスを用いて，フィールド全体での活動に対する中央区画での活動の割合を比較すると，異なる遺伝子組成をもつ系統間で大きな違いが見られることから，この行動形質には遺伝的要因が大きく関与していることがわかりました（図 2-1-1B：Takahashi et al., 2006）。

図 2-1-1　マウスにおける行動の系統差解析

A　オープンフィールドテスト

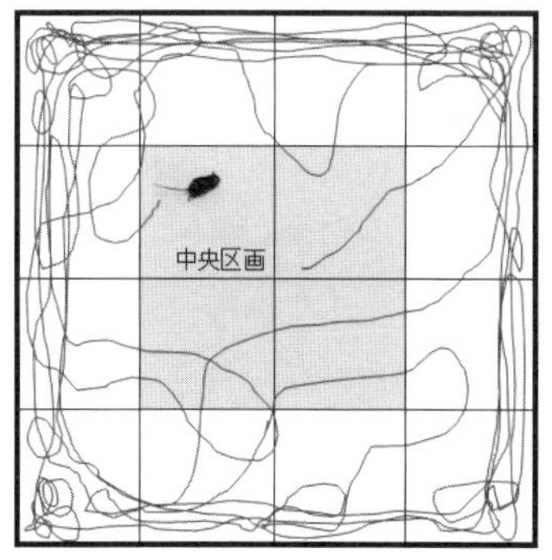

（出所）Takahashi et al., 2006 のデータを使用。

B　オープンフィールドにおける中央区画での活動（割合）の系統差

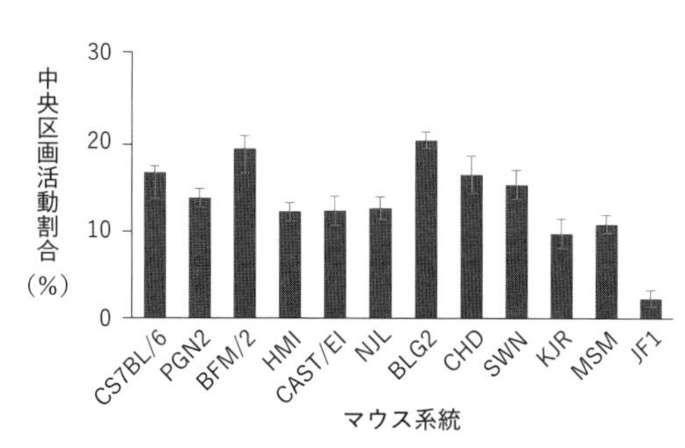

（注）青線は標準誤差をあらわす。

2 章　動物の多様性から探る

行動の遺伝解析　ある行動において，系統間で違いが生じる原因となる遺伝子を明確に同定することに成功した例はわずかしかありませんでした。その同定の難しさは，活動性，社会性，不安・情動性など，動物心理学の研究対象になっている行動形質が，単一の遺伝子で決まるのではなく，多数の遺伝子と環境要因の影響を受けて集団内に多様な値（表現型）が出現する量的形質であることに起因しています。

ところが近年，このような量的形質に関わる遺伝子探索のための手法の確立が進んできました。現在，最も精力的に行われているのは，全ゲノム関連解析（Genome Wide Association Study；GWAS）という遺伝解析手法です。これは，多数の個体を用いて，各個体の全ゲノムにわたってDNA（遺伝子情報〔遺伝子〕が記録される物質）の配列を調べ（**2-2**参照），そこで見つかった個体間でのDNA配列の違いと形質の情報をもとに，形質の違いを決定している遺伝子を同定する手法です。行動形質も含めた92の形質について，マウスで解析した研究では，156の遺伝子座（ゲノム上の遺伝子の存在する位置）が見出されています（Valdar et al., 2006）。また，ヒトでの研究では，統合失調症，不安・ストレス関連疾患，自閉症などの疾患形質に加え，知能，社会性，攻撃性やさらには前述のパーソナリティーの5因子などの行動形質についても解析され，いずれも行動形質の違いに関連する多くの遺伝子座の違いが見出されています。統合失調症のGWAS解析では108もの遺伝子座との関連が報告されています（Schizophrenia Working Group of the Psychiatric Genomics Consortium, 2014）。このように，さまざまな形質のいずれにおいても数多くの遺伝子座が関与していて，個々の遺伝子はわずかな効果をもつのみであると考えられているのです。

行動遺伝学の今後の展望　とはいえ，最先端のGWAS解析をもってしても，行動の個体差が生み出される遺伝的仕組みがわかったとはいえません。遺伝子がわかっても，その遺伝子から個人差の発現に至るまでの道筋が解明されていないからです。それでも，道筋のスタート地点である遺伝子を同定できたことは大きなブレイクスルーとなります。スタート地点がわかったことで，ようやく正確な道筋をたどることが可能になったからです。今後は，DNA配列からいろいろな形質の個人差までをつなぐ研究の発展が期待されます。

2-2 経験で脳は変わるの？

知能の発達とエピジェネティクス

知能は遺伝か経験か？　性格や知能などのこころと行動の特性は生まれながらに（遺伝により）決まっているのか，それとも生後の環境によってつくられるのかは，心理学においても「遺伝―環境論争」として古くから取り上げられてきました（**2-1** 参照）。20 世紀前半は「環境主義」とよばれる考え方が席巻し，この時代の心理学者のほとんどが行動パターンは環境，つまり経験の影響によって成立すると考えていました。しかし，数世代にわたって選択交配を繰り返すことによって，ラットの迷路学習成績として測定される行動パターンを変化させることができることを示した研究が，この環境主義という考え方に一石を投じたのです（Tryon, 1934）（図 **2-2-1**）。

この研究では，ラットに複雑な迷路を走行させ，ゴールに到達した際に報酬として食物を与えました。図 **2-2-1** の横軸は，一定基準の迷路学習成績が得られるまでにラットが冒した間違い（正しくない路地に入る）の数で，右にいくほど間違いが多いことを示しています。縦軸は間違いの数に応じたラットの割合が，例えば，上段にある元の集団（第 1 世代）では間違いの数が中程度のラットの割合が多い分布となっています。

この迷路学習の成績が良い，すなわち間違った路地に入る数が最も少ない雄と雌を交配し，さらに，迷路学習の成績が最も悪い雄と雌も交配しました。それぞれの交配（家系）で得られた子ラットが成長した後に，親世代と同様に迷路学習能力を分析し，そのなかで迷路が得意，不得意の雌雄を選び，交配することを代々繰り返す選択交配実験を行っ

図 2-2-1　ラットの迷路学習に関する選択交配実験

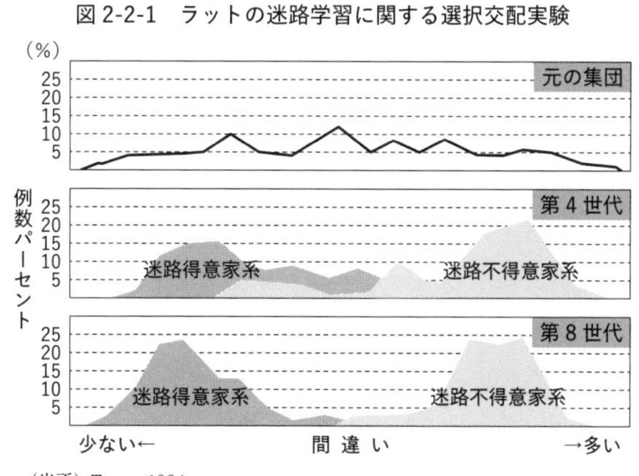

（出所）Tryon, 1934.

たのです。

これは第21世代まで続けられたのですが，第8世代頃から，迷路が得意な家系で成績の悪いラットでも，迷路が不得意な家系で成績が良いラットよりも優れた成績を収めるようになり，2つの家系の迷路学習成績の分布が重ならなくなりました。さらに，遺伝以外の方法で迷路学習能力が親から子へ伝わった可能性を検討する目的で，**交差里親**というコントロール実験が行われました。この研究では，ラットが生まれてすぐに，迷路学習が得意な家系の子は不得意な家系の親に，逆に不得意な家系の子は得意な家系の親に里子に出して育てさせることで，生育環境の影響を検討しました。そうしたところ，迷路が得意な家系の子を迷路が不得意な家系の親に育てさせても迷路得意家系の子の成績は良く，逆に迷路が不得意な家系の子を迷路が得意な家系の親に育てさせても迷路不得意家系の子の成績は悪いままでした。この研究から，行動パターンの発達には遺伝的要因が深く関わっていることが明らかとなったのです。この結果だけを見ると，迷路学習を解決する能力を，人でいうところの**知能**と考えるならば，「知能は遺伝によって決まる」という悲観的な結論に達してしまいます。ところが，次に示す別の研究では，行動パターンに与える**遺伝と環境の相互作用**を示すきわめて重要な事実が明らかになりました（Cooper & Zubek, 1958）。

この研究では，迷路が得意または不得意な家系のラットを，2つの異なる環境で育てて，学習成績を比較しました。図2-2-2の「装飾した環境」は，おもちゃのトンネル，立体交差，看板などの刺激物を置いた飼育ケージで育てられた場合を，一方「貧弱な環境」は，実験室で通常用いられている飼育ケージで育てられた場合を意味しています。この実験の結果，貧弱な環境で育てられた場合には，迷路が不得意な家系のラットの迷路学習の成績は，迷路が得意な家系のラットよりも悪い（間違いが多い）ものの，「装飾した環境」で育てられた場合には，不得意な家系のラットも得意な家系

図2-2-2　異なる環境で育った迷路が得意・不得意な家系のラットの成績の比較

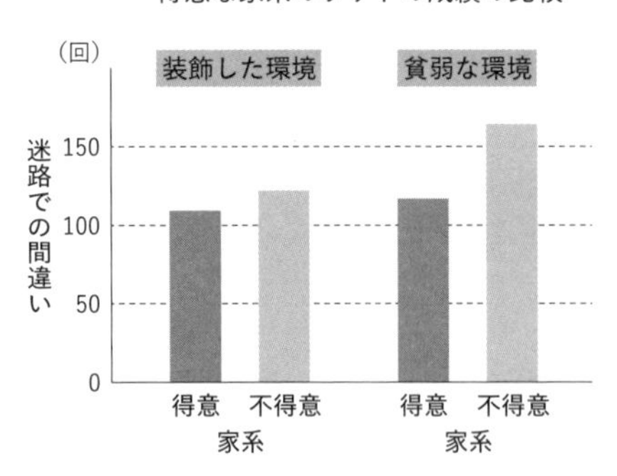

（出所）Cooper & Zubek, 1958.

と同様に良い成績を示すということがわかりました。つまり，こころの特性と行動パターンの発達は遺伝子によって調節されますが，生育環境をどのように設定するのかによって，遺伝子の影響を克服することができたのです。では，このとき，こころの特性と行動パターンの基盤となる脳では何が起きているのでしょうか？

エピジェネティクス　先ほど紹介した迷路が得意または不得意な家系のラットの脳は設計図通りに作られていました。この場合の設計図とは **DNA** を指します。迷路が得意または不得意という心理的特性は，遺伝情報が収められているDNAが，タンパク質の合成という形で脳を作り上げることで親から子へと受け継がれました。タンパク質を合成する際，2本鎖のDNAは1本鎖となり，そこにRNAが結合して**メッセンジャーRNA**（mRNA）が作られます。mRNAは3つの塩基で1つのアミノ酸を作り，このアミノ酸が次々とペプチド結合することでタンパク質が作られます。DNAからmRNAが作られる過程を転写とよび，mRNAからタンパク質が作られる過程を翻訳とよびます。迷路が得意または不得意な家系のラットの脳を作る設計図はこのDNAにあったのですが，転写，翻訳の過程で変更が生じると設計図通りに作られなくなり，脳のつくり，そしてはたらき，つまりはこころの特性や行動パターンが変わってきます。

DNAを構成する4種類の塩基の並び方，すなわち塩基配列を遺伝情報の基本とする考え方を「ジェネティクス」とよびますが，DNAの塩基配列は変えずに，後から加わった修飾がタンパク質の合成を調節するという考え方を「**エピジェネティクス**」とよびます。前述の装飾した環境で育てられた迷路が不得意な家系のラットは，エピジェネティクスのメカニズムによって，遺伝子の発現が変化し，タンパク質の合成が調節され，脳がもともとの（塩基配列の）設計図通りには作られなくなりました。そして，その結果，遺伝子の影響を克服することができたのです。

2-3 男女の脳の違いはどうしてできるの？

脳の性分化

動物行動の研究においては，雄と雌との間で出現の頻度が大きく異なる行動や，雌雄どちらかの性において特徴的に見られる行動にしばしば遭遇します。「行動の性差」の基盤には，性ステロイドホルモンが深く関わっています。ここでは，ヒトを含む哺乳類の雌雄や男女の脳の違いについて解説します。

性決定と性分化　性決定は，性染色体の組み合わせにより，個体が雌になるか，あるいは雄になるかを決定する事象です。哺乳類では，Y染色体の有無により，XXは雌，XYは雄という遺伝的な性が決まります。雄では，Y染色体上のSRY遺伝子のはたらきにより，精巣が発達します。SRY遺伝子がのっているY染色体をもたない雌では，精巣ではなく卵巣が発達します。

一方，性分化とは，個体が雌，あるいは雄のからだや行動特性をもつように発達する過程です。哺乳類では，XXの性染色体をもつ雌が基本型（デフォルト）です。Y染色体をもつ雄個体では，胎児期に性ステロイドホルモンの１つであるアンドロゲンが精巣から多量に分泌され，そのはたらきにより基本型の雌から雄への書き換えのプロセスが引き起こされます。その結果，未分化な組織から，雄，雌，各々に特徴的な内生殖器，外生殖器が発達します。同時に，やはり，もともとは未分化である脳においても，周生期（出生の直前，直後）のアンドロゲンの作用により，XYをもつ個体では雄型の脳の形成が進みます（図2-3-1）。一方，精巣ではなく卵巣が発達するXXの個体では，アンドロゲンの分泌がないため，基本型である雌型の脳が形成されます。ここで重要なのは，精巣から分泌されるアンドロゲン量は，連続的に変化するため，それによって引き起こされる雄化の程度もまた，連続的に変化するということです。したがって，XYをもつ雄のなかでも，極度に雄化が進む個体もいれば，それほど雄化が進まない個体もいる可能性があります。さらに，XXをもつ雌のなかにも，少量であってもアンドロゲンが作用する条件下では，雄型に近い脳へと分化していく可能性もあるということです。このように，性分化の過程では，性決定とは違って，明確に雌，雄の区別の線引きをすることはできない，ということです。雌型，雄型という表現をしているのは，このためです。

図 2-3-1　性ステロイドホルモンによる脳の性分化

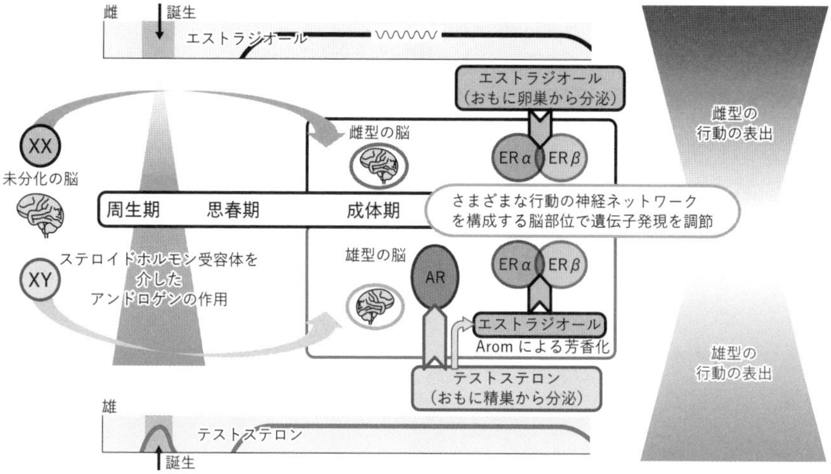

（注）AR はアンドロゲン受容体。ER α，ER β はエストロゲン受容体アルファ，ベータ。Arom はアロマテース。
（出所）小川，2018 をもとに作成。

性的二型核に見る性ステロイドホルモンのはたらき　脳内には，「性的二型核」とよばれる，雄と雌で大きさの異なる領域がいくつか存在しています。領域の大きさが異なるというのは，場合によっては，個々の細胞の大きさに違いがある場合もありますが，多くはその領域に存在する神経細胞の数が異なるということです。代表的なものに，雄のほうが雌よりも大きい視索前野や分界条床核，逆に雌のほうが雄よりも大きい前腹側脳室周囲核などが知られています。今のところ，大きさ（神経細胞の数）の違いと，雌雄での行動の違いとの間の「因果関係」が明確になっているわけではありません。しかし，周生期での性ステロイドホルモン条件次第で，性的二型核の大きさが，雄でも雌に近くなったり，雌でも雄に近くなるということが，多くの研究で明らかになっています。例えば，生後直後に雌ラットに実験的にテストステロン（アンドロゲンの一種）を投与し，成長後に視索前野の大きさを測定すると，通常の雌に比べて，大きくなっている，つまり雄型に近づいていることがわかっています。周生期を過ぎると，精巣からのテストステロンの分泌は一旦低下しますが，性成熟期（思春期）になると，再びテストステロンの分泌量が増加し，成体のレベルに達します。ただ，この時期の雌ラットに実験的にテストステロンを投与しても，もはや視索前野の性的二型核の大きさが雄型に近づくということはありません。したがって，周生期の一定の時期（高感受性期）に性ステロイドホルモンが作用することが視索前野の性的二型性の構築に必須であるといえます。

雌雄に特徴的な行動の発現を支える性ステロイドホルモンのはたらき　発達初期のアンドロゲン量の多寡によって，性的二型核に代表される，雌型，雄型の脳の発達，すなわち脳の性分化がコントロールされている事実が明らかになりましたが，性ステロイドホルモンは，実際にどのようなメカニズムで脳に作用しているのでしょうか。精巣から分泌されるアンドロゲン（おもにテストステロン）と，卵巣から分泌される**エストロゲン**（おもにエストラジオール）は，ともに，末梢の標的器官にはたらいてさまざまな生理的作用を引き起こすと同時に，血流に乗って脳に到達します。脂溶性であるこれらのステロイドホルモンは細胞膜を通過し，細胞質内に局在するそれぞれの受容体である**アンドロゲン受容体**，**エストロゲン受容体**に結合した後，核内に移動します。そしてDNAのあらかじめ決められた特定の部位に作用して，さまざまな遺伝子の発現をオンにしたり，オフにしたりするのです。その結果として産生されるタンパク質（例えば，成長因子や細胞死に関わる因子，ペプチドホルモン，ホルモン受容体，脳内物質の合成・分解を司る酵素等）が複合的にはたらくことによって，性に特徴的な脳組織の構築が促されるのです。すでに述べた通り発達初期には卵巣からのエストロゲン分泌はほとんどなく，おもにアンドロゲンがこの仕組みを通して脳の性分化をコントロールしています。性成熟後（成体期）には，精巣，卵巣の各々から分泌される性ステロイドホルモンが，性的に分化した脳組織に分布する各々の受容体に結合し，上記と同様のメカニズムで，さまざまな**タンパク質産生**を調節することにより，雌雄間で頻度の大きく異なる行動や，雌雄どちらかの性において特徴的に見られる行動表出を支えているのです。発達途上における脳の雄化，雌化の程度は，連続的に変化するホルモン量に加えて，ホルモン受容体の発現量やはたらき方にも依存するため，成長後の脳の構造・機能やそれに基づく行動表現型についても，きわめて雌的な状態ときわめて雄的な状態との間で，多種多様なものが見られるということになります。したがって，雄（男）の脳，雌（女）の脳と単純に分けることは不可能であり，そのような二分法は生物学的に見てもあまり意味がないのです。

2-4 男女の行動の違いはどうして起こるの？

雌雄の性特異的行動

男性と女性（雄と雌）の間に，性別による行動の違い，すなわち**行動の性差**，というものは存在するのでしょうか。答えは「Yes であり，同時に No でもある」です。ここではあえて，Yes の視点から話を進めます。そのなかで，なぜ「同時に No でもある」と言えるのかについてもふれていきたいと思います。

性差が見られる行動の典型例　動物心理学の分野で「性差が見られる行動，すなわち**性特異的行動**」として扱われるものの多くは，繁殖に関連しています。典型的なものとして，求愛行動，交尾行動（性行動），攻撃行動，養育行動などが挙げられます。

求愛行動とは，交配相手獲得のために異性を惹き付けようとする行動で，種によって，雄から雌へ求愛するもの，雌から雄へ求愛するもの，雄と雌が双方向に求愛するものなどさまざまですが，多くの場合，性特異的な行動として捉えることができます。よく知られている例として，鳴禽類（Songbirds）の多くの種で見られる，雌の興味を引くための雄のさえずりなどがあります。

交尾行動（性行動）は，異個体間で実際に配偶子をやりとりするための行動で，相手に配偶子を提供するための雄型性行動と，相手の配偶子を受け入れるための雌型性行動に大きく分けられます。げっ歯類をはじめ，多くの哺乳類では，雄は自身の生殖器官を雌の生殖器官に挿入するためにマウントとよばれる行動を，雌は雄を受け入れやすくするためにロードーシスという背中を反りお尻が上がった姿勢をとることが知られています。雄によるマウントは鳥類や一部のは虫類，両生類などでも見られます。また，トカゲなどでは，交尾の際に雄が雌に噛みつく行動も見られます。

攻撃行動は，多くの動物種において，一般的に雄的な行動で，なわばり争いや交配相手の獲得・維持のためのものとされています。一方，雌は通常状態で攻撃行動を示すことはあまりありませんが，妊娠中や授乳期間中には子どもを守るために攻撃的になることが知られており，これらは**母性攻撃行動**とよばれています（**4-1** 参照）。

子の成長や生存に直接関わる**養育行動**は，動物種によっては雄が行う場合や，雌と雄が一緒に行う場合もありますが，一般的には雌に特徴的に見られる行動です。また，雌と雄が一緒に子育てを行う場合でも，役割分担すなわち行動の性差があり，母性行動と父性行動に分けて考えられることが多いのです。

雄・雌の行動の違いはどうして起こるの？　雄と雌の行動に性差が生じる大きな要因として，性ステロイドホルモンの作用があります。2-3での説明の通り，性ステロイドホルモンは，発達途上で脳の構造を雄型のもの，雌型のものへと分化させる作用（性分化）と，分化した脳がそれぞれ雄型，雌型の機能を発揮するように調節する作用（活性化）の，2つの作用をもっています。性ステロイドホルモンは，脳がそれぞれの性に特異的に機能するように調節しているため，脳機能の最終アウトプットである行動の性差にも深く関わっているのです（図2-4-1）。雄の精巣から分泌されるテストステロン（アンドロゲンの一種）は，脳内のアンドロゲン受容体を介して，また，雌の卵巣から分泌されるエストラジオール（エストロゲンの一種）は，エストロゲン受容体を介して作用します。遺伝子改変操作によりこれらの受容体を欠損させたマウス（ノックアウトマウス）を用いた研究では，性行動，攻撃行動，養育行動などの性特異的行動に大きな影響が見られることが多くの研究で示されています。例えば，アンドロゲン受容体欠損マウスでは，雄の性行動，攻撃行動の低下（Sato et al., 2004；Juntti et al., 2010）が，エストロゲン受容体欠損マウスでは，雌の性行動が消失すること（Ogawa et al., 1998）が報告されています。加えて，雄の性行動や攻撃行動の低下は，エストロゲン受容体欠損マウスでも見られることがわかっています（Ogawa et al., 1997, 2000）。これは，精巣から分泌されるテストステロンは脳に送られたのち，一部はそのまま作用するのではなくエスト

図2-4-1　雌雄の性特異的行動のメカニズム

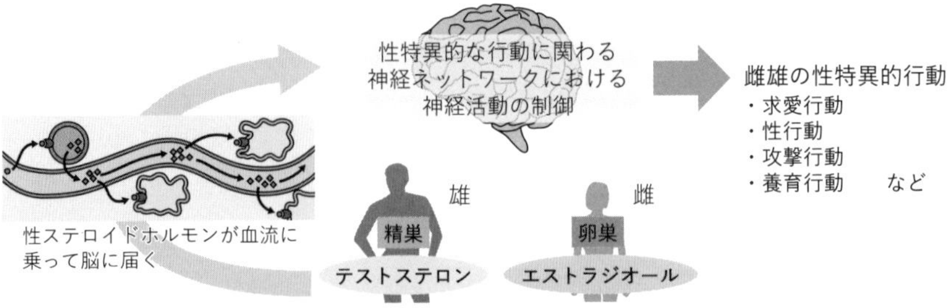

ラジオールへと変換され，エストロゲン受容体を介して作用するためです（図 2-3-1 参照）。さらに，最近の研究では，脳内の特定の領域でのみ受容体の発現を欠損させる手法（RNA 干渉によるノックダウン法：**コラム⑨**参照），を用いて，雄の性行動，攻撃行動，性行動などに関わる脳内機序が明らかになっています（Musatov et al., 2006；Nakata et al., 2016；Sano et al., 2018）。これらのことから，性差の見られる行動は，性ステロイドホルモンにより複雑に調節されていることがおわかりいただけるかと思います。

性の連続性　ここまで，行動の性差についてお話ししてきましたが，ここでいう性差とはあくまで雄・雌間での平均的な行動パターンの比較からきている概念です。行動およびその表出の基盤となる脳の性は，すべてが遺伝的に決定されているのではなく，ホルモンの作用により分化していくものであり，また分化が完了した脳の機能発現の強弱もホルモンの作用により調節されています。ホルモンは「全か無か」ではない緩慢な作用をもち，その分泌量や分泌パターンは環境要因や内因性要因の影響を受けやすいという特性をもっています。これは，行動の性差というものは非常に流動的なものである，ということを意味します。例えば，発達初期に毎日数時間，母親から隔離されると，雄マウスの攻撃行動が低下すること（Tsuda et al., 2011）や，周生期に内分泌かく乱物質（**コラム③**参照）にさらされた雌マウスでは成長後に雌型の性行動の表出が低減すること（Sano et al., 2020）が知られています。つまり，生育環境の変化によりもともと見られた性に特徴的な行動が見られにくくなるのです。これらのことを考慮すると，行動学的観点から規定される性は，むしろスペクトラム上に広く分布する連続した表現型として捉えることができるでしょう（図 2-4-2）。そういう意味で，最初の問いの答えは，「Yes であり，同時に No でもある」のです。

図 2-4-2　性特異的行動

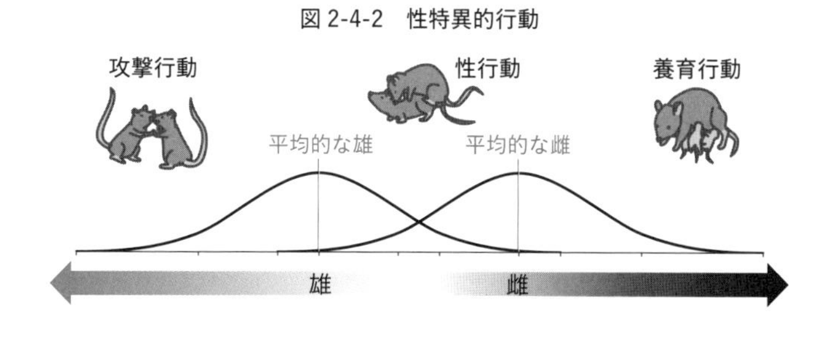

コラム③　内分泌かく乱

皆さんは**ホルモン**という言葉を聞いたことがありますか。ホルモンは体内で作られ，成長や性発達を調節するはたらきをします。脳やからだの成長・発達を促す**成長ホルモン**や，性成熟や生殖を調整する**性ステロイドホルモン**（アンドロゲンやエストロゲンなど）は血液中に放出されて作用します。これを**内分泌**とよびます。ところが化学物質の中にはホルモンとよく似た化学構造をもち，まるで本物のホルモンのように作用する物質があります。このような化学物質が体内に取り込まれると，脳やからだの成長発達，性成熟や生殖機能を妨げたり乱したりすることがあります。これを内分泌かく乱とよび，このような作用をもつ化学物質を**内分泌かく乱化学物質**（通称：**環境ホルモン**）とよびます。

環境ホルモン　きわめて毒性が強い環境ホルモンにはダイオキシン，ポリ塩化ビフェニール（PCB），有機スズ化合物，DDT などがあります。アメリカの五大湖ではこれらの環境ホルモンが流れ出して魚介類に取り込まれました。汚染されたサカナを食べたトリの卵は殻が薄くなって孵化せず，孵化してもヒナに奇形が見つかりました。フロリダではワニのペニスが委縮したり，ピューマの精巣や精子に異常が見つかったりしています。日本でもペニスや輸精管が発生した雌の巻貝が見つかっています（井口，1998；Cadbaury, 1998；Colborn et al., 1996；綿貫，2022）。

人間への直接的な影響が危惧される環境ホルモンもあります。洗剤に添加されるノニルフェノールやポリカーボネートの容器に含まれるビスフェノール A には，エストロゲンと似た（エストロゲン様）作用があります。ノニルフェノールが流れ出した川では，雌の魚にしかないホルモンが雄から検出されました（井口，1998）。ビスフェノール A は赤ちゃんの哺乳ビンやカップ麺の容器から溶け出すことが取り上げられ大問題になりました。しかしノニルフェノールやビスフェノール A のエストロゲン様作用はさほど強くはなく，サカナが雌化したのも実は女性の尿に含まれる天然のエストロゲンが下水から流れ出したためと考えられています（西川，2003）。

新たな脅威：海洋プラスチックゴミ汚染　皆さんのなかにはボランティアで海岸の清掃作業に参加した経験のある人も多いと思います。ペットボトル，ゴミ袋，食材の容器など，集まったプラスチックゴミの山に呆れたかもしれません。プラスチックゴミをエサと間違えて食べてしまったウミガメやウミドリの体内から，ギョッとするほど多数のレジ袋やペットボトルのキャップが見つかっているのです（モア，2012）。プラスチックゴミは太陽の熱や紫外線を浴びて劣化し，砕けて小さな破片になります。このうち5ミリ以下の破片は**マイクロプラスチック**とよばれています。海洋のサカナはマイクロプラスチックを飲み込んでしまい，店頭に並んだサカナからマイクロプラスチックが見つかるほどです（日本環境化学会，2019）。

プラスチックには大きな危険があります。1つはさまざまな化学物質が加えられている点です。そのなかには環境ホルモンのノニルフェノールや難燃剤があります。難燃剤はプラスチックの耐熱性を高め，燃えにくくする化学物質です。なかでも臭素系の難燃剤にはからだや脳の発達に欠かせない**甲状腺ホルモン**をかく乱する作用があります。もう1つはプラスチックが石油から作られている点です。ダイオキシン，PCB，DDTなどの環境ホルモンは油に溶けやすいため，プラスチックに吸着されます（**図1**）。その結果，マイクロプラスチックと一緒に環境ホルモンも体内に取り入れてしまうのです（磯辺，2020；綿貫，2022）。

東京農工大学のチームはプラスチックゴミ汚染を調査するため，世界中のボランティアに海岸で拾ったプラスチックゴミを送ってもらい，モニタリング調査をしています。結果はインターネットで公開されていますので（http://pelletwatch.jp/），アクセスしてゴミ汚染の現状を知っていただきたいと思います。そして私たちに何ができるか，何をしなければいけないかをともに考えていきましょう。

図1　日本沖合及び南方海域134地点におけるマイクロプラスチックの分布密度（1m³当たりの個数）

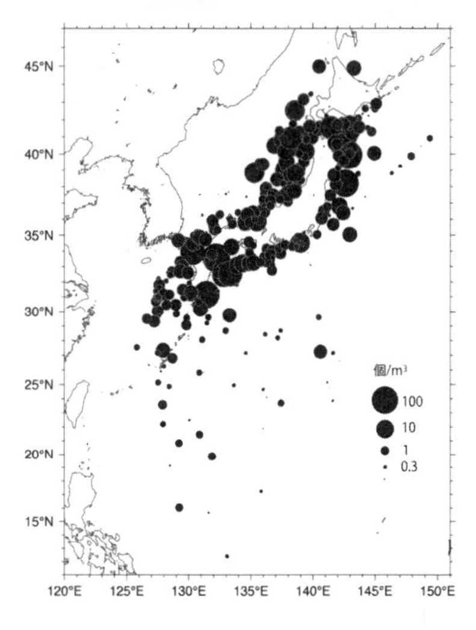

日本の海岸10地点で採集されたマイクロプラスチックには1gあたり6.3～394ナノグラム（ナノグラムは10億分の1グラム），海上4地点で採集されたマイクロプラスチックには1gあたり3.0～48ナノグラムのPCBが吸着していました。またマイクロプラスチック1gあたり最大で883ナノグラムの臭素系難燃剤が吸着していました。

（出所）　環境省ホームページ「令和元年度海洋ごみ調査の結果について」（env.go.jp/content/900517319.pdf）を一部改変。

第 2 章 参考図書・WEB 案内

小出剛（2018）．『行動や性格の遺伝子を探す――マウスの行動遺伝学入門』裳華房
鵜木元香・佐々木裕之（2020）．『もっとよくわかる！ エピジェネティクス――環境に応じて細胞の個性を生むプログラム』羊土社
山内兄人・新井康允編著（2006）．『脳の性分化』裳華房
小川園子（2013）．「社会行動の調節を司るホルモンの働き」『動物心理学研究』63 (1), 31-46.
日本環境化学会編著（2019）．『地球をめぐる不都合な物質――拡散する化学物質がもたらすもの』講談社
コルボーン，T.・ダマノスキ，D.・マイヤーズ，J. P.／長尾力訳／井口泰泉解説（2001）．『奪われし未来』増補改訂版，翔泳社
新学術領域研究（平成 29～令和 3 年度）「性スペクトラム――連続する表現型としての雌雄」 https://park.itc.u-tokyo.ac.jp/sexspectrum/
International Pellet Watch Japan「海岸漂着プラスチックレジンペレットを分析した地球規模の POPs モニタリング」 http://pelletwatch.jp/

第 3 章

動物たちが見せる絆から探る

こころが通うとはどういうことか？

3-1 ペットとこころはつながるの？
異種間の絆

イヌの家畜化　イスラエルのアイン・マラハ遺跡で，およそ1万2000年前に子イヌに手を添えた姿で埋葬された高齢者の骨格が発見されました（Davis & Valla, 1978）。イヌはオオカミと共通の祖先種から分岐したといわれ，遺伝子研究や考古学的調査から3万年から1万5000年前に**家畜化**されたといわれています。イヌは最も早く家畜化された動物種で，番犬や狩猟犬，牧畜犬など，さまざまな役割をもって人間の暮らしを支えてきました。他の家畜が誕生する前からすでにヒトと親密な関係を結んでいたことがうかがわれますが，具体的にどのような過程を経て家畜化されたのかはまだ明らかになっていません。

イヌの家畜化過程の解明に大きな手がかりをもたらしたのが，ロシアの遺伝学者ベリャーエフ（Belyaev, D. K.）によって行われたギンギツネの交配実験です。ギンギツネのなかからヒトを怖がらない個体を選んで交配した結果，数世代後には尾を振ってヒトに甘える行動が見られ，さらに耳や尾，毛色に野生では見られない変化があらわれるようになり，気質や生理，形態的にもイヌのような個体が生まれてきました。これらの変化はイヌに限らず家畜全般の特徴であり，ヒトを怖がらないという気質の選択のみで，実験を始めてから十数年で数千年もの家畜化の過程が再現されたのです（Trut et al., 2009）。

イヌの社会的認知能力　イヌの家畜化については，別の視点からも解明が進められました。進化人類学者であるヘア（Hare et al., 2002）は，2つの容器のうちの片方に餌を隠し，餌が隠された容器を指さしで教え，選択をさせるという実験を，イヌ，チンパンジー，オオカミに対して行い，正答率を比較しました。その結果，イヌは祖先が共通であるオオカミや，ヒトと遺伝的に最も近いチンパンジーに比べて，偶然よりも高い確率でヒトが指さした容器を選択することがわかりました。また，動物行動学者のミクロシ（Miklósi et al., 2003）は同時期に，イヌが自力で開けることができない餌入り容器を前にしたときに“助けを求めるように”そばにいるヒトと容器を交互に見つめたのに対し，オオカミはヒトを見ることなく自力で容器を開けようとしたことを発見しました。これらの実験で明らかになったイヌの**社会的認知能力**は，今までヒトにしか認められないものだと考えらえていました。そのため，これらの報告は世界中の動物行動学や比較認知学の研究者を驚かせ，これ以降イヌとヒトとの間に見られる特別な親和関係への関心が大いに高まったのです。ヘア（Hare et al., 2005）は前述のロシアのギンギツネでも指さし実験を行い，ヒトを怖がらないという気質の個体だけで選択交配されたキツネの子孫が，イヌと同様にヒトの指さしを理解する能力を有していることを見出しました。これらの研究結果をふまえて，イヌがヒトと調和のとれた行動をとることができるのは，ヒトに似た社会的認知能力が人為的に選択されたのではなく，ヒトを怖がらないという気質，つまりストレス反応が低下したためにヒトに近づいてきた個体が，ヒトとの共生の過程で副次的に社会的認知能力を獲得した，という仮説が立てられました（Hare & Tomasello, 2005）。

ヒトとイヌの絆形成　このようにヒトとの共生の過程でヒトに似た社会的認知能力を獲得したイヌを，ヒトが擬人化し，特別な愛情を注ぐようになっていったことは想像に難くありません。ヒトの身振りを理解し，ヒトに甘えるように見つめてくるイヌは，現代では飼い主にとってあたかも子どものような存在であり，家族の一員として扱われています。イヌが亡くなったとき，飼い主は深い悲しみに暮れ，時には重篤なペットロスの症状を示すことさえあります。

では，イヌは飼い主をどのように捉えているのでしょうか。心理学者のトパル（Topál et al., 1998）は，ヒトの乳幼児が母親に対して示す愛着行動を調べるストレンジ・シチュエーション・テスト（**3-5** を参照）というテストをイヌとその飼い主を対象に行い，イヌも飼い主に対して愛着行動を示すことを明らかにしました。母子間に特別な関係が結ばれることを「絆形成」（bonding）といい，これはおそらくヒトを含めた哺乳類全般に見られる現象だと考えられます。寒さや空腹にさらされた幼若動物は種特有のシグナル（鳴き声など）を発して母親などの養育者を呼び寄せようとし，養育者もそれに応じて幼若動物を保護します。このような愛着行動や保護行動の制御に重要なはたらきをするのがオキシトシン（**3-4** を参照）です。例えば，イヌと飼い主が，はじめて訪れる実験室で 30 分間一緒に過ごしたときの両者の行動と飼い主の尿中オキシトシン濃度を測定すると，実験中にイヌによく見つめられる飼い主はそうではない飼い主に比べて尿中のオキシトシン濃度が高くなり，またイヌから見つめられることで開始される飼い主とイヌのやりとりが多いほど，飼い主の尿中オキシトシン濃度が高くなることが示されています（Nagasawa et al., 2009）。つまり，イヌが飼い主を見つめる行動は愛着行動として飼い主に作用していたと考えられます。また，イヌの飼い主を見つめる行動の発現にもオキシトシンが関わっています。イヌの鼻にオキシトシンをスプレーで投与し，飼い主と見知らぬ人がいる実験室で一緒に30分間過ごすと，雌イヌは，生理的食塩水を投与されたときに比べて，飼い主をよく見つめるようになりました。さらにオキシトシンを投与された雌イヌの飼い主は実験後に尿中オキシトシン濃度が上昇していました（Nagasawa et al., 2015）。以上のことから，イヌとヒトは異種でありながら，同種母子間のような絆の形成が可能であるということがわかります。一般的に野生動物が相手を見つめることは威嚇を意味し，親和的な行動ではありません。同様の実験設定でオオカミは飼い主を見つめることはなく，飼い主のオキシトシンの上昇も見られなかったため，イヌは家畜化の過程で，ヒトへの親和的行動としての「見つめ合い」を身につけたことが示唆されました。ヒトが他の動物との間に絆を形成することの適応的な意義はわかりませんが，オキシトシンにはストレスを緩和し，傷の治癒力を高める，また社会性を高める作用があります。イヌと共生するようになったヒト集団は，もしかしたら健康で協力的なつながりをつくることで生き延びてきたのかもしれません。これらのことは現代においても，私たちがイヌをはじめとした動物とどのように関わっていくべきかを考えるヒントになるかもしれません。

図 3-1-1　オキシトシン神経系を介したポジティブ・ループ

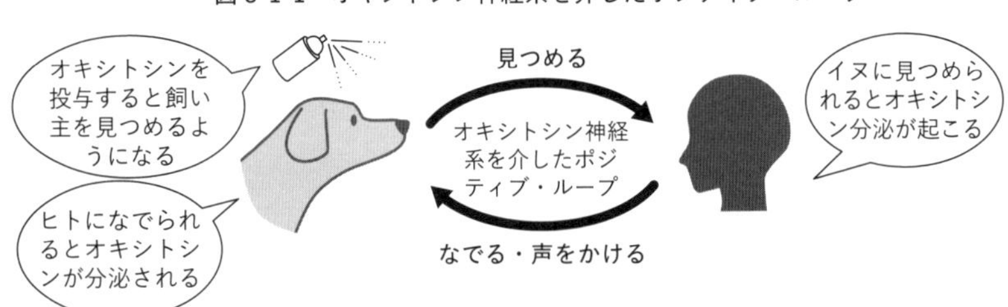

イヌに見つめられると飼い主のオキシトシンが上昇します。飼い主がイヌに対して触れる，声をかけるなどの反応を示すと，イヌのオキシトシンも上昇します。お互いにオキシトシン分泌を促し合うことで，絆が形成されていると考えられます。

3-2 匂いで相手の気持ちがわかる？
嗅覚コミュニケーション

動物，特に哺乳類の世界では，匂いは非常に重要な情報伝達手段であり，攻撃行動や性行動など（2-4 参照），重要な生命維持活動に関わっています。雄同士のなわばりをめぐる闘争行動から，交尾行動や母性行動に至るさまざまな社会行動の発現には，匂いによる行動や身体機能の調節が認められます。このように，動物が体外に分泌し，同種の他の個体に作用する化学物質のことをフェロモンといいます。フェロモンは一般に同じ種でのみ作用し，またその作用も決まっていることが多いです。ヒトではフェロモンを受容する器官（鋤鼻器）が欠損しているため，フェロモンの存在はいまだに議論されていますが，ヒトのフェロモン効果を示すいくつかの報告もあります。また，ヒトは匂いを嗅いだことに気づかないものの，こころは左右されることもわかってきました。

フェロモンを受け取るフレーメン反応　ウマやヒツジの雄は雌の尿や匂いを嗅いだ後，頭を上げて上唇をめくり上げしばらくじっとその姿勢を保ち続けます。これはフレーメンとよばれる行動で，ヒツジなどの反芻獣の一部やネコ科動物などで観察されます。ゾウでは長い鼻を高々と上げるポーズになります。雌のアジアゾウの尿に含まれるフェロモンのドデニシルアセテートは雄ゾウにフレーメン行動を誘起します（Rasmussen, 2001）。おもしろいことに，ドデニシルアセテートの化学構造はガの性フェロモンであるボンビコールに似ていて，ゾウの尿にガが集まるのはそのせいではないかともいわれています。また家ネコでも異性の匂いでフレーメンを示します（図 3-2-1）。

図 3-2-1　ネコのフェロモン行動として知られるフレーメン反応

雌のフェロモン　動物の性行動の多くは嗅覚系に依存します。同じ動物種であること，異性であること，さらには異性の性的な活動状態を，嗅覚系を介して認知し，適

切な性行動の発現が調整されます。カイコガの雌が雄を誘引する性フェロモンとして単離されたボンビコールが，化学物質として同定された最初のフェロモンです。世界ではじめて哺乳類フェロモンとして同定されたアフロジシンはハムスターの雌の膣から分泌され雄を誘引するフェロモンです。野性のゴールデンハムスターの雄はこの雌のフェロモンを嗅ぎ分けて，数キロにも及ぶ大追跡を行います。

マウスでは，雌フェロモンには少なくとも2つの匂い成分が関わることが示されています。1つは雄マウスに出会った相手が「雌」であることを伝えるものです。もう1つは雌の発情に伴い分泌する尿中の成分で，女性ホルモンとして知られるエストロゲン（**2-3** 参照）の代謝物である硫酸化エストロゲン化合物です。この2つの化学物質が組み合わさることで，雄マウスは交尾の可能性を認識し，交尾行動を試みることがわかりました（Haga-Yamanaka et al., 2014）。しかし，どちらの化学物質も単独では求愛行動を引き起こすことができなかったことから，複雑な嗅覚情報の処理によって雄の性行動が誘起されることが示されています。

雄のフェロモン　ヤギやヒツジなどの季節繁殖動物では，雄の匂いによって雌が発情し，性行動を誘起しやすくなることが知られており，**雄効果**とよばれています。このような雄効果フェロモンの多くはおもに鋤鼻器にて受容され，その情報は**副嗅球**とよばれる匂いを伝達する脳部位へと運ばれます。その後，**大脳皮質**で処理されることなく，情動を司る**辺縁系**，さらには生命中枢である**視床下部**へと伝達されます。つまり，感覚認知に重要な大脳皮質には情報が伝達されないため，雌ヤギが「お，雄の匂いだ」などと気づくことなく，情動反応や性行動が自然に誘導されます。ヤギでは雌の発情を制御する神経細胞の活動をモニターすることで，雄効果フェロモンとして，4エチルオクタノールが同定されています（Murata et al., 2014）。このような性行動や繁殖機能を高める効果をもつフェロモンは，家畜や稀少野生動物の繁殖促進など応用面でも大いに役立つことが期待されます。実際に，動物産業の分野では，雄ブタの唾液腺から分泌されるフェロモンである**アンドロステノン**を含んだスプレーが市販され，ブタの人工授精に利用されて繁殖率の向上に役立っています。また，高級食材で知られているトリュフの中にも雄ブタのフェロモンと同じアンドロステノンが高濃度含まれているため，トリュフの採取には古くから雌ブタが使われているそうです。

また，雄マウスの涙腺に含まれるESP1とよばれるフェロモンは，雌に作用すると雌が雄の交尾を受け入れるようになります。ESP1は雄マウス同士の攻撃性を高めたり，雌マウスが交尾した雄を記憶する際に用いられることから，とても複雑な機能をもつフェロモンであるといえます（Haga et al., 2010）。

図3-2-2　ウサギの吸乳行動

ヒトの異性の匂いも視床下部の性行動を司る部位を活性化させることが知られていますが，自分と同性の匂いではそのような効果が認められず（Savic & Lindström, 2008），ヒトにも性フェロモンの存在が示唆されています。

匂いによる母子間コミュニケーション　動物でよく認められる母子間の絆は，母と子の双方から発せられる視覚や触覚，嗅覚などの感覚系を介したシグナルのやりとりの経験によって形成されます。出生後の子ウサギは，母親の乳頭周辺からのさまざまな匂い成分を手がかりに母親の乳頭を探し当てることができます（3-5参照）。ヒトの場合は特に羊水に似た匂いが乳頭への吸い付きの引き金となる刺激となります。ウサギの授乳時間は1日に1～2時間と他の哺乳類に比べて非常に短いのが特徴的で，母ウサギが巣に戻ってくると，子ウサギたちは母親の乳房に飛びつき，我先にお乳を飲もうとします。このとき母ウサギの乳房付近から放出される物質として，2-methylbut-2-enalが同定されました（Schaal et al., 2003）。また哺乳類一般に乳房付近から分泌される匂いには子の不安を取り除く効果が知られており，イヌでも乳房付近からの脂肪酸によってストレスが軽減されます。すでにブタやウマ，イヌではこれらの製剤が開発され，産業場面や家庭内で使用されています。

3-3 動物も言葉をしゃべるの？
聴覚コミュニケーション

世界は動物たちの奏でるさまざまな音であふれています。暖かな春には小鳥がさえずり，雨が続けばカエルたちの大合唱，茹だる暑さとセミがコラボレーションしたかと思えば，鈴虫や松虫の音色が涼しい夜を彩り，春とは違った力強い鳥の鳴き声が冬の到来を知らせます。これらの鳴き声はすべて，動物たちの音（聴覚）をつかったコミュニケーションです。この多彩な音のやりとりは，私たちの耳を楽しませるだけでなく，1つの，とても素朴で壮大な疑問を投げかけることでしょう。ヒト以外の動物たちが織りなす多種多様な音のコミュニケーションは，はたして言葉なのだろうか？と。ここでは，「言葉」と聞いたときに思い浮かべる特徴から，ヒトとヒト以外の動物たちとの共通点を探ってみます。

「言葉」はいろんな音？　言葉の特徴の1つとして挙げられるのが，その音の多様さです。私たちは普段，本当にたくさんの音を使って会話をしています。私たちの出せる音の多さは，他の霊長類と比べるとダントツです。それは，喉の筋肉の動きを制御する神経回路や，口の中の空間や唇といった音を調整する器官の違いによるといえるでしょう。特に，悲鳴のように感情の高ぶりなどによって音が出てしまうのではなく，自分の意思で音を出せること（随意的な発声）は「言葉」の重要なポイントです。さらに，最近の研究では，ヒトは，多くのサルがもつ声帯膜という構造が欠如したことで，安定した音の供給を可能にしていることもわかってきました（Nishimura et al., 2022）。随意的な運動制御，安定した音源の供給，細かな音の調整……，これらは，ヒトが多様な音をコントロールするための大きな鍵となっています。

また，多様な音を作り出すには，音を学習する能力（発声学習）も忘れてはいけません。そして，発声学習で特筆すべき動物は，トリでしょう。インコやヨウムは驚くほど発声学習に長けており，ヒトの言葉も容易に真似てしまいます。オーストラリアに生息するコトドリにいたっては，他の鳥類やヒトの声にとどまらず，チェンソーやカメラの音など，幅広い音を精巧にコピーすることができます（Zoos South Australia, 2009）。こうした音を学ぶ能力は，ヒトに限ったものではないのです。

図 3-3-1　ハツカネズミの超音波発声（スペクトログラム）

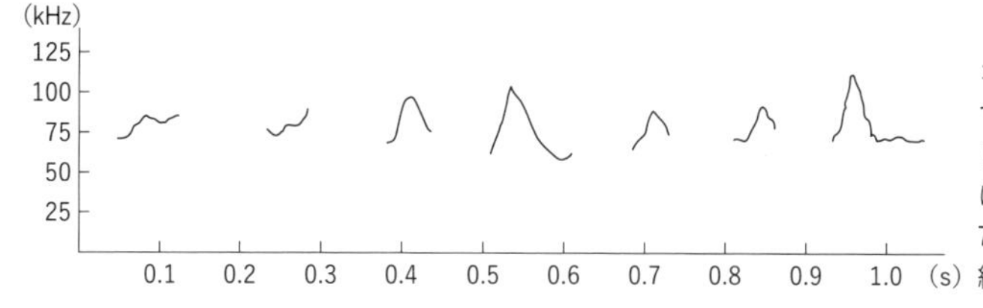

コミュニケーション場面で超音波帯域の音声を発します。特に，雄から雌に対する求愛場面では，70kHz ほどの高さで連続で鳴きます。

「言葉」は連続的なもの？　音を連ねて発する能力も，言葉の誕生には欠かせません。ヒト以外の動物でもこの能力は見つかっており，なかには，この能力をふんだんに発揮して素晴らしい音色を生み出すものもいます。春に聞くことのできるウグイスやメジロといった鳥のさえずりは，その最もわかりやすい例でしょう。彼らは，さまざまな音を組み合わせたり繰り返したりして歌います。歌うことで，なわばりの主張や雌へのアピールをするのです。

歌うのは鳥だけではありません。鳥たちのさえずりは私たちの耳をも楽しませる美しい旋律ですが，一方で，私たちの耳には聞こえない音の旋律も存在します。その旋律の主は，ネズミです。ネズミ類の多くは，ヒトの耳には聞こえない超音波帯域の音でも鳴くことができます。超音波発声が観察されるのは，なわばりの主張や夫婦間のやりとりなど，多岐にわたるコミュニケーション場面です。特にハツカネズミの雄が雌に対して鳴く声は，変化に富んだ音の連なりで，求愛歌ともよばれています（図 3-3-1：Holy & Guo, 2005）。このように，音の連なりという構造自体は，ヒトの言葉だけでなく，動物のコミュニケーションにも幅広く見られる性質なのです。

「言葉」は意味をもっていること？　「言葉」を構成する単位の 1 つは，単語です。単語とは，ある特定の意味をもった音のことをいいます。単語を単体もしくは組み合わせてつかうことで，私たちは事細かに，また鮮やかに，体験したことやこころに感じたことを伝えることができるのです。

ある特定の意味をもつ，ということは，ある特定の状況や対象，または概念を伝えることだともいえるでしょう。実は，ある特定の状況と結びついた音声は，幅広い動物種で観察されています。トリのさえずりやネズミの求愛歌も，なわばり防衛や求愛といった状況と結びついた音声です。イヌが「ウウーッ」と唸ったり，ネコが「シャーッ」と毛を逆立てたら，それは「敵を警戒」した

図 3-3-2　シジュウカラの「見間違い」を利用した実験

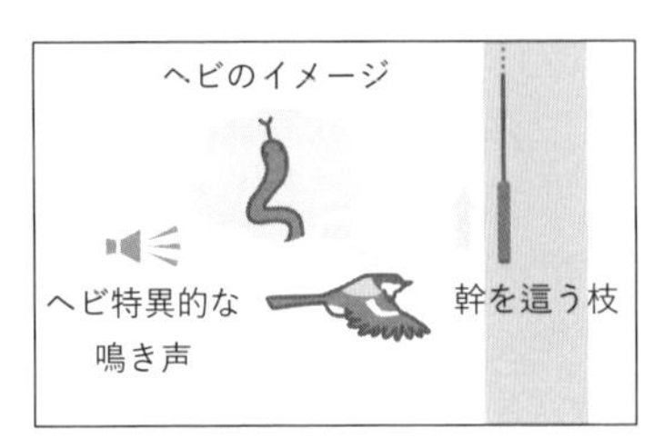

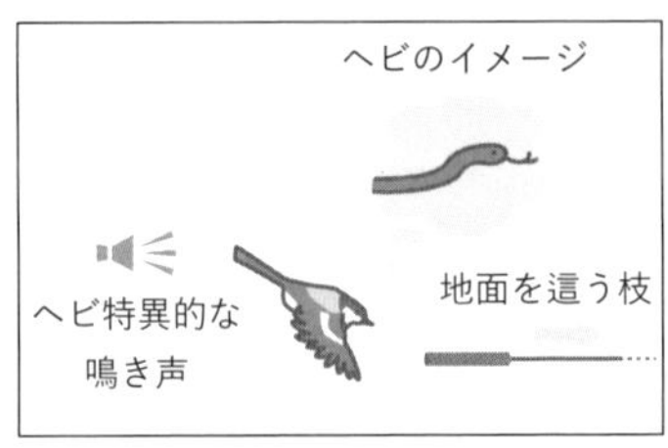

シジュウカラは天敵のヘビを見つけると，「ジャージャー」と鳴いて仲間に知らせます。スピーカーからこの「ジャージャー」の音声を聴かせると，シジュウカラは木の幹や地面を這わせた枝に近づき，それを確認することがわかりました。これは，「ジャージャー」からヘビの形や動きを想像し，動く枝にそれを当てはめ，見間違えた結果だといえます。
（出所）Suzuki, 2018 をもとに作成。

状況だから発せられた音でしょう。このような音声は，意味を伝えているのでしょうか？「好き」「敵が来た」などの特定の単語になっているのか，それとも単に感情が高ぶっているだけなのか？実はこの２つは，近年まで区別されていませんでした。

その区別の契機となったのが，シジュウカラという小鳥が単語をもつことを示した研究です（Suzuki, 2018）。シジュウカラは天敵のヘビに対して「ジャージャー」，他の天敵に対して「ピーツピ」と鳴きます。これは，対象と結びついた鳴き声をもつということです。そして驚くべきことに，「ジャージャー」という音声それ自体が，ヘビのイメージ，つまり概念と結びついていることもわかっています（図 3-3-2）。シジュウカラのほかにも，ベルベットモンキーやプレーリードッグなど，天敵に応じた声（状況や対象と結びついた音声）をもつ動物は複数見つかっています（Seyfarth & Cheney, 1990；Kiriazis & Slobodchikoff, 2006）。動物たちが単語をもつ可能性は膨らんできているのです。

「言葉」のかけらを見つけよう　このほかにも，シジュウカラは単語だけでなく文章も使いますし，クロオウチュウという鳥は偽の警戒声で他種をだます，つまり嘘をつくこともあります。「言葉」っぽい特徴は，実はさまざまな動物で確認されているのです。もちろん，私たちと全く同じ「言葉」をつかう動物はいません。けれども，「言葉」の特徴から共通点を見つけること，また一方で，相違点を見つけることは，私たちの「言葉」をもっと深く理解することにつながっていくことでしょう。

3-4 「好き」って気持ちはどうして起こるの？

雌雄間の選好性と絆

この本を読んでいる皆さんのなかにも誰かのことが好きになったことがある方も多いかと思います。好きになる相手は必ずしも異性ではないかもしれませんが，LGBTQ については別の機会にお話しすることにして，今回は異性を好きになる場合のことを考えてみます。典型的には異性を好きになることが多いのは，私たちヒトを含む哺乳類が**有性生殖**によって繁殖を成立させているためです。では，動物はどのように繁殖パートナーを見つけているのでしょうか？

パートナー選びを調べる方法　ラットやマウスが繁殖パートナーとして本当に異性を選ぶかどうかを調べる1つの実験（方法）を紹介します。図 3-4-1 のような3つの部屋からなる装置を使ってテストします。真ん中の部屋にテストされる動物を，左右の部屋には刺激動物として発情雌（ホルモン処置により人工的に発情を引き起こした雌）と雄を置きます。図の装置では，テストされる動物が刺激動物を直接見たり触れたりできないようにして，空気穴を通して匂いだけを提示しています。実験室のネズミたちにとって，匂いの刺激が最も重要な社会的手がかりだからです。このような状況に動物を置くと，性的に成熟した雄や発情した雌は，異性の匂いを探索しようと風が入ってくる穴にしきりに

図 3-4-1　匂いの選好性テスト装置

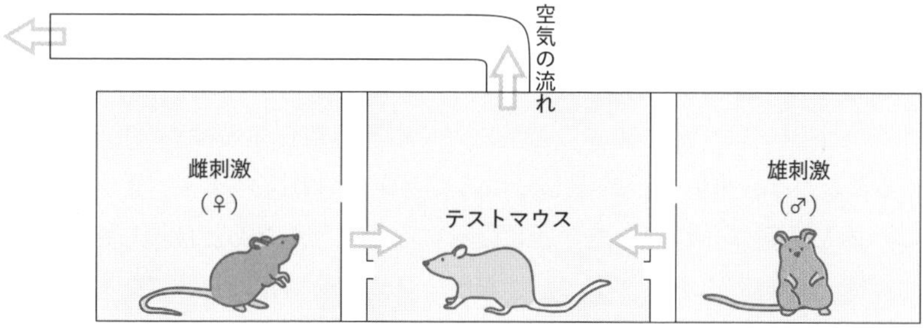

装置は3つの部屋からなります。左右の部屋には，それぞれ雌雄の刺激動物を，中央の部屋にはテストされる動物を入れておきます。中央の部屋の天井にダクトを付けて換気をすると，装置内には矢印の方向に空気の流れができます。この空気の流れによって，左右の刺激動物の匂いを中央のテスト動物に提示すると，テスト動物は自分の興味が大きいほうに多く探索行動（自分の鼻を空気の流入口に突っ込む）を示します。

（出所）Xiao et al., 2004 をもとに作成。

図 3-4-2　匂い選好性テストの結果

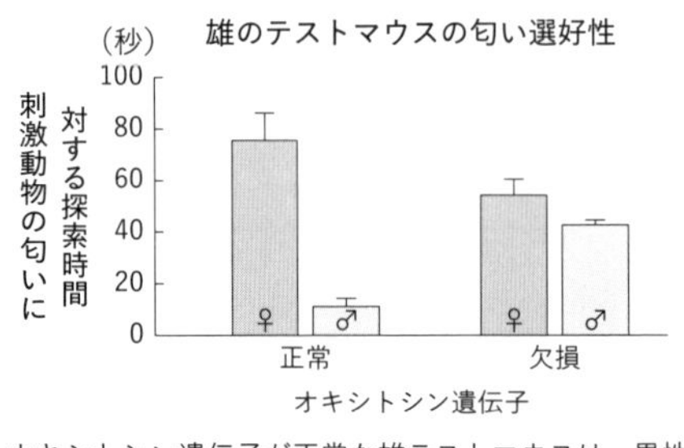

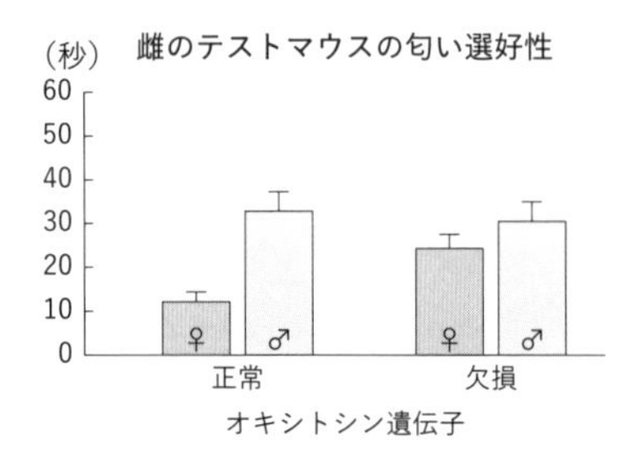

オキシトシン遺伝子が正常な雄テストマウスは，異性である雌刺激（左の部屋の♀マウス）の匂いを長く探索し，正常な雌テストマウスも，異性である雄刺激（右の部屋の♂マウス）の匂いを長く探索しました。しかし，オキシトシン遺伝子欠損テストマウスは雌雄とも異性に対する選好性を失っていました。

鼻を突っ込むので，どちらの刺激動物の側に長く鼻を突っ込んだかを比較すると，テストされる動物の刺激に対する好み（選好性）を調べることができます。

オキシトシンと選好性　このような装置を用いて，絆形成に重要なはたらきをすることが知られているオキシトシン（3–1 参照）が，異性の匂いに対する選好性にも関係しているのかを調べてみました。オキシトシンを作れなくした遺伝子欠損（ノックアウト）マウスが，雄と雌のどちらの匂いをより長く探索するのかを調べて，オキシトシンが正常なマウスの場合と比較しました（図 3-4-2）。その結果，オキシトシンが正常な雄マウスは，雄刺激よりも雌の刺激，雌マウスは雌刺激よりも雄の刺激をより長く探索するのに対して，オキシトシン欠損マウスでは，そのような異性の匂いへの選好性がみられないことがわかりました。したがって，オキシトシンが脳にはたらくことが，異性の匂いの識別や選好に重要な役割を果たしているといえます。

オキシトシンは，性に関する識別だけでなく，他個体の識別（相手が誰だかわかること）にも重要な役割をしていることが知られています。正常なマウスでは，同じ他個体の匂いを繰り返し提示すると，だんだんと目新しさがなくなって探索時間が短くなります。ところが，急に別の個体の匂いに切り替えると探索時間は再び増加します。これは，それまで繰り返し提示されていた匂いと新たに提示された匂いが違うことがわかっている，すなわち相手が変わったことを認識できた証拠となります。ところがオキシトシン欠損マウスでは，同じ個体の匂いを何度提示しても探索時間は減少せず，また別個体の匂いに変えても全く同じように反応することが知られています。どうも脳内オキシトシンがないと相手が誰だか認識できないようなのです(Ferguson et al., 2000)。

図 3-4-3　プレーリーハタネズミのつがい形成の神経回路

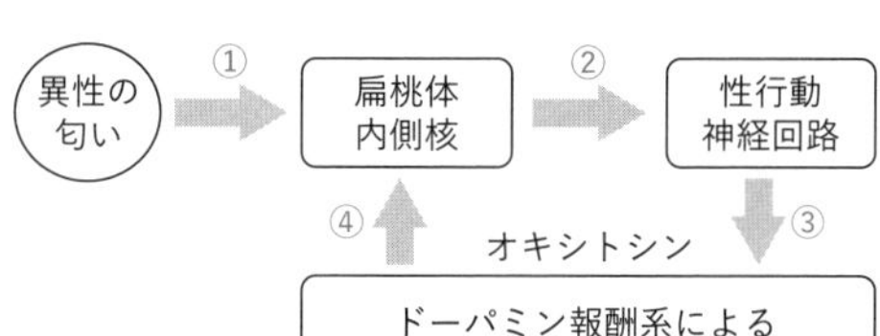

①異性の匂いが鼻腔にある感覚受容器から脳の扁桃体内側核に送られる。
②扁桃体内側核で異性刺激であることが選別され，性行動の神経回路を活性化する。
③性行動回路は，オキシトシンニューロンを介してドーパミン報酬系を活性化する。
④これにより特定の異性個体の匂いに対する“好み”が生じるようになる。

「好き」になる仕組みとは？

それでは特定の相手を「好き」になるのはどのような仕組みでしょうか？　これを研究するモデルとして一夫一婦制のつがい形成をするプレーリーハタネズミが使われています。プレーリーハタネズミは，交尾を行うとその相手とつがいが形成され，いつも一緒に過ごすようになります。つがいを形成する前のプレーリーハタネズミの雄は，特定の雌への選好性を示しません（Blocker & Ophir, 2015)。脳内オキシトシンが低レベルに抑えられているからと考えられます。ところが，交尾により脳内にオキシトシンが放出され，それによってドーパミン作動性の脳内報酬系が活性化されることが知られています。脳内の報酬系が活性化されると，動物はその刺激を求めるようになります。すなわち交尾した相手の匂いと脳内報酬との条件づけ学習が成立し，その相手の匂いを求めるようになります（これを強化といいます)。そしていつも一緒に過ごすようになるというわけです（図 3-4-3)。

私たちヒトでは，プレーリーハタネズミのような直接的な性刺激ではなく，普段の生活のなかのふとした好ましい出来事が特定の異性と結びつく（強化する）のでしょう。それによって，その特定の異性のことが気になり始めます（オキシトシンによる特定相手の識別化)。これは，次なる強化のチャンスを増やすことにもなります。そして，だんだんと思いが強くなって一緒にいたくなるのかもしれません。私たちヒトの恋愛をサイエンスで証明することはなかなか難しいのですが，動物の行動を眺めながら，ふとそんなことを想像したりして研究者たちは日々，実験しているのです。

3–5 親子の絆はどうやってできるの？
愛着形成

親子の絆のはじまり　3–2でも紹介したように，哺乳類の赤ちゃんは，生まれてすぐに母親のおっぱいを探り当て，母乳を吸うことができます。無力に見える赤ちゃんも親子の絆を形成するための特性や能力を兼ね備えています。

例えば，赤ちゃんのふっくらした丸い顔の容姿は，愛おしいという感情を生じさせ，子育て行動を引き起こします。大音量で甲高い泣き声もまた，親に緊急性を伝え，放っておけないという気持ちを引き起こします。

匂いも子育て行動に重要な役割を担います（菊水，2014）。ヒツジが自身の子を認識する手がかりは羊膜の匂いであり，これを洗い流すと子育て行動が出現しません。匂いを感知する脳領域を除去したマウスでは，子育て行動が出現しないばかりか，子殺しをすることもあります。また，母親の匂いは，子にとっても母親を認識する重要な信号となります。

ところで子は母親をいつ頃から識別するのでしょうか。これを調べるためにデグー（図3-5-1）という動物で実験が行われました。デグーは仲間と一緒に暮らし，鳴き声でコミュニケーションをすることから，人間と比較するのに好都合だと考えられました。子デグーを一時的に母親から引き離すと，子デグーは母親を求めて鳴くことが知られています。フックスら（Fuchs et al., 2010）は，子デグーを母親から引き離した場合と，子デグーを母親とは別の授乳中雌と一定時間会わせた後に引き離した場合とで，子デグーが鳴く回数の違いを調べました。母親と母親以外の雌とを識別しているならば，母親から引き離した場合のほうが，鳴く回数が多いと予想しました。しかし，生後5日では，2つの条件の間で鳴く回数に違いはありませんでした。そこで，もう少し成長した子デグーで，母親とそれ以外の雌との違いを識別しているのかをさらに調べてみました。この実験では，図3-5-2に示した装置を用いて，生後15日のデグーに

図3-5-1　デグーの親子

（出所）Uekita & Kawakami, 2016.

母親のいる部屋と，母とは別の授乳中の雌のいる部屋を選ばせました。装置に入れてから30分後には，多くの子デグーが母親のいる部屋を選ぶ様子が観察されました。これらの実験結果からデグーが母親を識別するまでには生後2週間ほどかかることがわかりました。

このように，哺乳類の子が親を識別する能力は生まれもったものではなく，親とのやりとりの積み重ねによって学ぶものだといえます。そして，子が親に対する明確な好みを示すようになると，親は子をいっそう愛おしく感じ，親子の絆の基盤が作られます。

図3-5-2　フックスらの実験

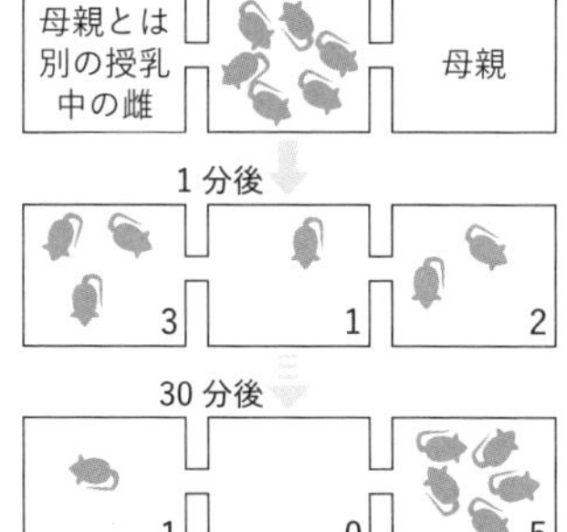

廊下でつながった3つの部屋のうち，両端の片方に母親，もう一方に母親でない授乳中の雌を入れ，中央に入れた子デグーたちがどちらの部屋を選択するかを観察する実験。生後15日目には多くの子デグーが母親のいる部屋を選びました。

（出所）Fuchs et al., 2010をもとに作成。

愛着と愛着タイプ：ネズミにも愛着タイプがあるの？　子どもが特定の相手との間に築く情緒的絆は愛着とよばれます（Bowlby, 1969）。エインズワース（Ainsworth, M. D. S）は，子どもが親に対してどのような愛着をもっているのかを調べるストレンジ・シチュエーション・テストという手法を開発しました。彼女たちは，実験室で母親と引き離したり再会させたりする場面を設定し，それらの場面での子どもの反応によって愛着を3つのタイプに分類しました（Ainsworth & Bell, 1970）。「不安定・回避型」は母親が実験室から出て行っても後追いせず，見知らぬ人に対しても同じように接し，母親と再会しても歓迎するなどの行動を示しません。「安定型」は母親が去ると泣きながら後追いし，再会すると機嫌をなおして遊びを再開します。「不安定・抵抗型」は周囲を探索したりせずに常に親の傍にいようとし，親が去るときも戻ってきたときも泣いたり怒ったりします。

興味深いことに，愛着の3タイプはデグーにもありそうです。実験では，子デグーを3種類の環境で飼育した後に，母親と見知らぬ雌とを同じ箱に入れて，どちらとどの程度接触するかを10分間観察しました（Colonnello et al., 2011）。タイプ1：子デグーを親きょうだいと接触させないようにして飼育すると，見知らぬ雌に対しても母親と同じ程度の接触を示しました。この傾向は見知らぬ人にも同様にふるまう「不安定・回避型」の愛着タイプに似ています。タイプ2：母親，きょうだいと一緒に飼育された子は，最初の数分は母親との接触時間が長く，時間経過とともに母親と離れるようになりました。これは，母親がいることに安心して外界を探索できる「安定型」の愛着タイプといえます。タイプ3：格子越しに母親ときょうだいと1日30分だけ接触できる環境で飼育されたデグーは，10分間ずっと母親の傍を離れない「不安定・抵抗型」の愛着タイプでした。この実験結果から，デグーにとっても幼少期に親との関わりを制限されることは，親への愛着や絆の形成に影響を与える大きな出来事であるようです。

絆形成と好奇心　親子の絆は，子どもが好奇心を発揮するための，重要な心理的支えとなります。新しい環境や未知の物体に出会うと，動物は不安を感じながらも匂いを嗅いだり触ったりして，その正体を知ろうと試みます。これを**探索行動**とよびます。この探索行動は好奇心によって発動します。エインズワースの愛着理論（Ainsworth, 1982）では，子どもは親を**安全基地**のように感じると，好奇心が外の世界に向き，探索行動が促進されるといわれています。では，生まれて間もない子デグーを親から引き離すと，成長後の探索行動にどのような影響があるのでしょうか？　親から引き離された（隔離された）子デグーは毛を逆立てて大鳴きします。実際の実験では1日に30分だけ隔離するのですが，子デグーにとっては一大事です。これを10日間行った後に，物体探索の実験として，飼育ケージ内に新しい物体を置き，物体をどれくらい探索するかを計測すると，隔離を経験していない子デグーは，母親と一緒にいるときは頻繁に物体を探索し，1匹だけのときにはあまり探索しませんでした。これに対して，隔離を経験した子デグーは，母親と一緒のときでも1匹でいるときと同じ程度にしか物体を探索しませんでした。この傾向は離乳の始まる3週齢にはっきり見られました。生まれて間もなく経験した親との隔離のストレスが情緒的な絆の形成に影響して，好奇心に基づく探索が妨げられたのです（Uekita & Kawakami, 2016）。しかし，さらに観察を続けると，もはや隔離の影響は消失しました。これは親子の絆形成が柔軟であることを示しています。隔離の経験をした後でも，親やきょうだいと交わるなかで自然に情緒的な絆が取り戻されたのでしょう。

3-6 子育てで脳が変わる？

母（雌）親と父（雄）親の子育て

母親になると「母親脳」に変化する？　脳は一度完成すればそれで終わりではありません。脳の構造と機能，そしてこころと行動を変える可能性のある生物学的イベントはいくつもあります。妊娠・出産・子の養育の経験は，間違いなくそのなかの1つでしょう。動物の行動研究では，その影響についてさまざまな興味深い結果が示されています。例えば，キンズレーとランバート（Kinsley & Lambert, 2006）は，出産・養育の経験のある雌ラットのほうが，未経験の雌よりも，場所・空間の手がかりを覚える迷路学習課題の成績が良く，情動的に安定していることを発見しました。同時に，空間記憶に重要だと考えられている海馬や情動に関係した扁桃体という脳部位の神経細胞の樹状突起密度も上昇していました（脳神経細胞については**1-2**参照）。実は，母親になると子のために餌を取りに行く必要性が高まるので，情動的に安定して大胆になり，空間記憶が良くなることは，広い意味で「子育て」に役立つ変化なのです。

また，雌親の脳は，子に関連した刺激に対して敏感になります。例えば，出産経験のある雌ラットは，自分の子を離乳した後でも，他の雌が産んだ子（里子）を提示されたときに，すぐに子なめなどの養育行動を示します（このような現象を，母性記憶とよびます）。このとき，出産経験のある雌親の脳では，子育てに重要な内側視索前野の神経細胞の活動が高く（Numan & Numan, 1994），また側坐核という部位では，神経伝達物質ドーパミンの分泌が高まっています

図 3-6-1　雌ラットの母性発現に関わる脳部位

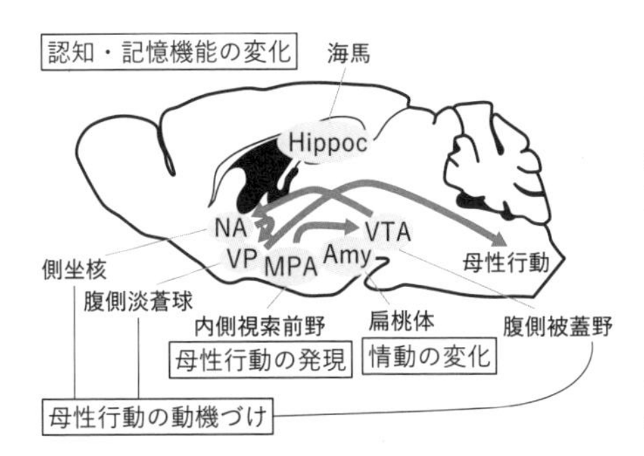

内側視索前野（MPA）は母性行動発現において中心的役割を果たし，側坐核（NA），腹側淡蒼球（VP），腹側被蓋野（VTA）はその動機づけに関与すると考えられている。また，海馬（Hippoc）は母親の認知・記憶機能の変化，扁桃体（Amy）は情動の変化に関与する。これらの脳部位は，いずれもエストロゲンやプロゲステロン，オキシトシンなどの母性形成に関わるホルモンに感受性が高く，また，妊娠・出産に伴って形態や機能が変化することが知られている。

(Afonso et al., 2008)（図 3-6-1)。ドーパミンは，報酬と関係する神経伝達物質であり，これは出産経験のある雌にとって，子どもが「報酬」となっていることを示します。食いしん坊の人が食べ物の匂いに敏感なのと一緒ですね。

このような脳活動の変化は，ヒトでも示されています。例えば，出産経験のある女性は，ない女性よりも，子どもの表情や匂いの識別課題を行っているときの前頭葉の活動が高く（Nishitani et al., 2011)，また，赤ん坊の笑い声（快刺激）を聞かせたときと泣き声（不快刺激）を聞かせたときの扁桃体の活動の差が大きい（Seifritz et al., 2003）のです。したがって，ヒトの脳でもラットで見られたような脳の構造的変化が起こっている可能性は高いといえます。

何が「母親脳」を作るのか？　このような「子育て」に適した，いわば「母親脳」とも呼べるような脳への変化はどのようにして起こるのでしょうか？妊娠すると母体は大きく変わります。その変化を引き起こしているのが，卵巣や胎盤から分泌されるエストロゲン（エストラジオール）やプロゲステロンなどのホルモンです。妊娠期を模してこれらのホルモンを投与すると，妊娠していない雌ラットでも養育行動を起こします（Moltz et al, 1970)。一方，妊娠・出産経験のない雌ラットでも，繰り返し子どもと接触させると，6～8日で子戻しや子なめなどの養育行動を示すようになります。この効果は持続的で，その後も里子を提示されるとすぐに養育行動を示し，いわゆる「母性記憶」の状態になります。逆に，普通に妊娠・出産したラットでも，出産後すぐに子を取り除いてしまうと，養育行動がすぐに消失し（Rosenblatt & Lehrman, 1963)，情動性の安定や学習・認知機能の向上も認められません（Lambert et al., 2005)。したがって，「母親脳」の形成には子との接触が必要であることがわかります。

ところで，このような子との接触経験による脳の変化には，オキシトシンが重要な役割を果たしているようです。オキシトシンは分娩や授乳に必須のホルモンですが，近年は信頼や愛着などにも関わるとして注目されています。ヒトでも出産後のオキシトシンレベルが高いほど母親が子どもに対して強く愛着を示すことや，子どもとの愛情のこもった接触が母親のだ液中のオキシトシン濃度を上昇させることなどが報告されています（Feldman et al., 2007, 2010)。

このように，「母親脳」への変化には，妊娠・授乳期のホルモンが重要な役割を果たしているので，妊娠中にこのホルモンのはたらきを邪魔すると，「母親脳」への変化が妨害されるかもしれません。実際，エストロゲンの機能をかく乱する薬物を妊娠期の雌マウスに投与すると，出産後の雌親の養育行動が阻害され，さらにはそれが子どもの行動発達にまで影響することも示されています（Tomihara et al., 2015）。ヒトの場合は養育に関わる要因が複雑なので，ネズミのように単純にはいきませんが，例えばストレスによって分泌される副腎皮質ホルモンが妊娠期の他のホルモン機能に影響を与えることや，妊娠期ストレスが母子に与える影響の大きさなどをあわせて考えると，少なくともそのメカニズムについては「ネズミだけのこと」と無視してよい話ではないと思います。

「父親脳」はあるのか？　さて，ここまでは母親を中心に話をしてきましたが，父親はどうなのでしょう？ 実は，父親の脳も子育てによって変わるのです。例えば，一夫一婦制のゴールデンライオンマーモセットやプレーリーハタネズミでは，雄も積極的に子の世話を行います。プレーリーハタネズミの雄は，子と接したときに**内側視索前野**が活性化されます。また，マーモセットでは，子の養育後に父親の脳の前頭前野にある神経細胞の**樹状突起スパイン**（シナプス入力を受ける樹状突起上にあるトゲ状の部分）の密度が高まることも報告されています（Kozorovitskiy et al., 2006）。したがって，父親でも，子との接触が脳の構造的変化を引き起こし，養育に適した「父親脳」を作り出しているといえます。実際，先述のヒトの母親で示された赤ん坊の笑い声と泣き声を聞かせたときの**扁桃体**の活動の差は，父親でも同様に増大することが示されています。

「親脳」を育てるために　子どもを産み育てることは，人生において非常に大きなイベントであり，そうであるがゆえに，その選択はその個人の自由意志によってなされるべきです。しかし，いざその決断をしたときに滞りなく子育てができるよう，個人的そして社会的環境を整えていくことは，決して悪いことではありません。例えば，「親脳」への変化に重要な「**子との接触経験**」は必ずしも「遺伝的な自分の子」である必要はありません。年少のきょうだいや親戚の子の世話の体験，あるいは単に近所の子どもたちと遊ぶだけでも，日常的に子どもに触れる経験は「親脳」の発達に貢献します。そのような「親脳」を育てる環境は，子どもに対する好意的感情と寛容さを育むので，たとえその人自身が子を産み育てる立場にならなくとも，社会全体として子どもを守り育てていく，子育てに優しい社会を築いていく鍵になるかもしれません。

コラム④　動物の発達障害

自閉スペクトラム症（ASD）と遺伝子　発達障害のなかで**自閉スペクトラム症**（autism spectrum disorder；ASD）は，①社会性とコミュニケーションの障害，②行動の反復と興味の限局が特徴とされ（APA, 2013），動物でも類似した行動特性を示す例が知られています。

例えば，ニホンザルでは，他者の行動を観察しない，爪噛みなどの行動の反復が目立つ個体が，自然発現することが報告されています（Yoshida et al., 2016）。また，げっ歯類では，ヒトと同様に，胎児期に抗てんかん薬であるバルプロ酸ナトリウムに曝露されると，**自閉症様行動**が生じることが知られています（Schneider & Przewlocki, 2005）。このような動物モデルの生物学的特徴を調べることで，ASDに関連した神経系の変化を明らかにすることができます。

さらに，ヒトの遺伝学的な研究からは，ASDに関連した**変異**が見られる遺伝子（候補遺伝子）や**染色体異常**が多数見つかっています（Liu & Takumi, 2014；中井・内匠，2018）。数百にのぼる候補遺伝子はデータベース化されており，例えば米国サイモン財団のSFARI Gene（https://www.sfari.org/resource/sfari-gene/）では，候補遺伝子としての確からしさでカテゴリ分けされており，関連する文献も探すことができます。ASDで変異が多く見られる遺伝子として，シナプスの形成や維持に関わる遺伝子（*NLGN3*, *Shank3* など）が有力です（Durand et al., 2007；Jamain et al., 2003）。また，どの遺伝子を実際に読み出すかといったことも遺伝子によって制御されていますが（遺伝子の発現調節），これに関わる遺伝子群の変異もASDとの関連が深いようです（Iossifov et al., 2014；Liu et al., 2014）。例えば*FMR1*，*PTEN*は，遺伝情報をタンパク質に翻訳する過程に関わり（Fernandez et al., 2013；Tilot et al., 2015），最有力候補の*CHD8*は，クロマチンと呼ばれるDNAとタンパク質の複合体に対する構造変化（クロマチンリモデリング）による遺伝子発現調節に関わるようです（Katayama et al., 2016）。

ASDモデルマウスの行動　ASDの候補遺伝子や染色体異常が明らかになった場合には，**ノックアウトマウス**や**染色体エンジニアリング**の手法を用いて，その遺伝子や染色体に人為的に変異を生じさせた動物（ASDモデルマウス）を用いて，行動変化や神経系の変化を評価することができます（**7-4**参照）。例えば**ソーシャル・インタラクション・テスト**では，物体と他個体のどちらに興味を示すかを調べることで，社会性の障害を評価し（野生型は他個体に興味），**母子分離時の超音波発声**を調べることでコミュニケーションの障害を評価することができます

(Nakatani et al., 2009)。固執性や行動の反復は，一度学習させた迷路学習課題のルールを変更したときに再学習がうまくいくかを評価したり，毛づくろい（グルーミング）の頻度に異常がないかを調べたりすることで，評価できます。最近では，これら ASD の中核をなす障害特性だけでなく，感覚過敏（Chen et al., 2020）や身体知覚の問題（Wada et al., 2019）もマウスで評価する試みが行われており，ASD の多様な特性とその神経基盤について動物を用いて解析することが可能になりつつあります。

コラム⑤　動物心理学で使うユニークな行動テスト

動物も「くすぐったい」と思うのか？　読者の皆さんにとって，心理学で動物を扱うということ自体，かなりユニークなことだと思われるのではないでしょうか。このコラムでは，そのなかでもさらにユニークな行動テストを紹介したいと思います。

筆者は一時期「触覚」に関する研究を行っていました。なかでも注目したのは「くすぐったい」という感覚です。皆さんも小さい頃，お父さんやお母さんに足の裏をこちょこちょとくすぐられて，大声を出して笑った経験があると思います。それは，もちろんくすぐられて「くすぐったかった」からですよね？ 実は，この「くすぐったい」という感覚はヒトだけのものではなく，動物心理学実験の主役の一種であるネズミでも観察されているのです。ネズミ（この場合はラット）は実験者によって背中をくすぐられると，喜んで声を出し（非常に周波数が高いのでヒトには聞こえません），そのうちにくすぐってもらえるように実験者の手を追いかけるようになるというのです（Burgdorf & Panksepp, 2001）。そして，石山とブレヒト（Ishiyama & Brecht, 2016）はこの「くすぐったさ」が大脳の**体性感覚野**とよばれる部分の深い層で感じられているということを明らかにしています（**図 1**）。

ここまで紹介した海外の実験では，動いているネズミを手で乱暴にくすぐっているのですが，これでは私たちが足の裏をくすぐられているときに脳の内部で起こっていることを推測することはできません。そこで筆者たち（Hirasawa et al., 2016）はラットではなく，より小型のネズミ（マウス）を用いてヒトと同じようにマウスで足の裏を「くすぐって」脳の活動を調べようと考えたわけです。しかし，マウスはヒトと違ってただ黙ってじっとくすぐられてくれるなんてことはありませ

図 1　くすぐってもらえるようラットは実験者の手を追いかける

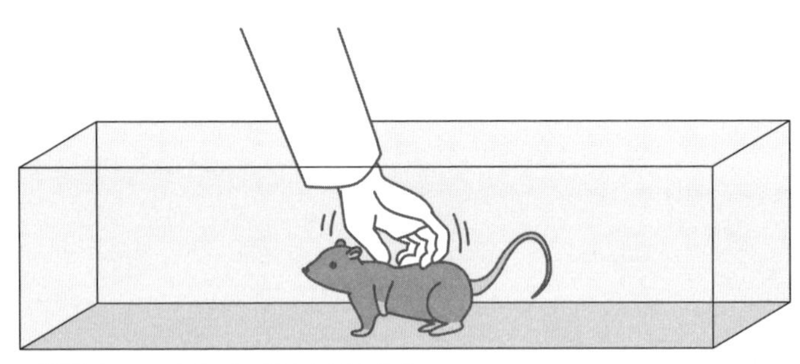

（出所）Ishiyama & Brecht, 2016 をもとに作成。

ん。そこで，極力苦痛を与えないようにしつつ，マウスを実験装置に固定しなければなりませんでした。実はこれが非常に難しく，かなり苦労した点です。

意外と鋭いマウスの足裏感覚　試行錯誤を重ねてできたのが**図 2** の装置です（Hirasawa et al., 2016 より改変）。金属のブロックで作った台の上にマウスを乗せ，頭部が動かないように固定しました。後ろ足 2 本はちょっと開かせて，上から粘着テープで固定しました。もちろんマウスは最初じっとしていませんが，レバーを押すと餌や飲み物が出てくるようにしておくと，しばらくするとそちらに一生懸命になって，あまり余計な動作をしなくなります。このような状態になったら，いよいよ実験の開始です。**図 2** では，筆の毛を小さなリングに張り付けたものを回転させて足の裏をくすぐっていますが，それ以外にも弱い電気刺激や棒で足の裏を軽くつつくといった刺激を利用して，刺激の区別を学習させました。例えば，電気刺激の場合はレバーを押すと水が飲める一方，くすぐった場合はレバーを押しても水が出ないといった訓練です。かなり時間がかかりましたが，水がもらえる刺激についてはレバーを押し，水がもらえない刺激に対してはレバーを押さなくなっていきました。さらに驚いたことに，刺激が 1 秒の 20 分の 1 といった非常に短い場合でも，マウスは足の裏に与えられた刺激がどの刺激であるのか，かなり正確に区別できるようになったのです。

足の裏は脳から最も遠くにあり，さらに私たちは普段，靴下をはき，外に出かけるときには靴を履いているので，あまり足の裏の感覚に注意をしていないかもしれません。しかし，このように足の裏は意外に優れた感覚をもっているので，時には少し注意してみるとおもしろい発見があるかもしれません。

図 2　マウスの足裏くすぐり装置の概観

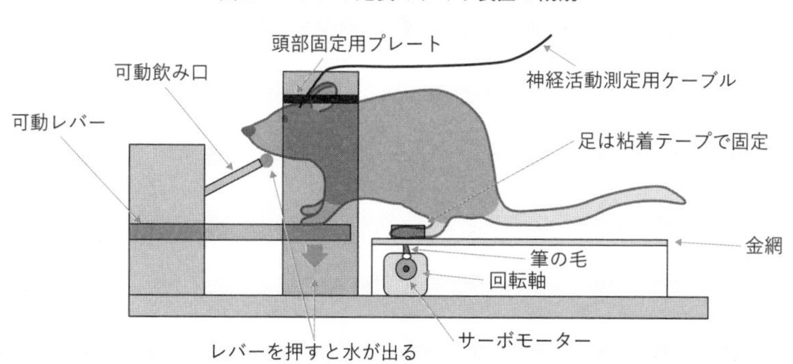

第 3 章 参考図書・WEB 案内

ミクロシ，A.／藪田慎司監訳／森貴久・川島美生・中田みどり・藪田慎司訳（2014）．『イヌの動物行動学――行動，進化，認知』東海大学出版部

菊水健史・永澤美保（2018）．『犬のココロをよむ――伴侶動物学からわかること』（岩波科学ライブラリー199）岩波書店

市川眞澄・守屋敬子著／徳野博信編（2015）．『匂いコミュニケーション――フェロモン受容の神経科学』（ブレインサイエンス・レクチャー1）共立出版

ケイム，B.／安納令奈訳（2020）．『動物の言葉――驚異のコミュニケーション・パワー』（ナショナル ジオグラフィック別冊）日経ナショナル ジオグラフィック

ラリー・ヤング，ブライアン・アレグザンダー／坪子理美訳（2015）．『性と愛の脳科学――新たな愛の物語』中央公論新社

開一夫他編（2014）．『母性と社会性の起源』（岩波講座コミュニケーションの認知科学 3）岩波書店

斎藤徹編著（2012）．『母性をめぐる生物学――ネズミから学ぶ』アドスリー

クローリー，J. N.／高瀬堅吉・柳井修一監訳（2012）．『マウスの行動解析――トランスジェニック・ノックアウト』西村書店

リンデン，D. J.／岩坂彰訳（2016）．『触れることの科学――なぜ感じるのかどう感じるのか』河出書房新社

第4章

動物の社会的葛藤から探る

ヒトはなぜ葛藤し，衝突するのか？

4-1 なぜケンカするの？
攻撃行動

なぜ攻撃するの？　**攻撃行動**はさまざまな動物において観察される行動で，広い意味では「相手に危害を加えるという意図のもとに行われる行動や威嚇的行動」と定義されます。ただ，攻撃行動のパターンは種によって違っていて，ネズミならば噛みつきますし，カンガルーならば脚で蹴ります。またヒトは多くの場合は言葉をつかい，時に相手を殴るといった身体的攻撃行動を示すこともあるでしょう。

それでは，なぜ多くの動物が攻撃行動を示すのでしょうか？　攻撃行動が出現する場面を観察してみると，例えば繁殖期のカラスは，なわばりにパートナー以外の個体が侵入してきたときに，相手を追いかけまわして攻撃し，なわばりから追い払います。また，ニホンザルなど集団生活をする種では，**社会的順位**（ヒエラルキー；4-2 参照）を形成しており，より高い地位を獲得したり維持したりする上で，攻撃行動の表出が見られます。マウスの雌は普段はあまり攻撃行動を示さないのですが，出産前後の子育ての時期には激しい攻撃行動を示します。これは，父親以外の雄は子を殺してしまうことが多いため，攻撃して追い払う必要があるのです。ほかにも，「窮鼠猫を噛む」ということわざがあるように，追い詰められて恐怖を覚えた動物が攻撃行動を示すこともあります。このように，攻撃行動は，なわばりや交尾相手，高い社会的地位を獲得したり維持したり，子や自己の生命を守るといった目的において欠かせない役割をもっていることがわかります。したがって，攻撃行動は，動物が生存して子孫を残していくうえで重要な意味をもつ**適応的な行動**の１つであるといえます。

攻撃行動にルールはあるの？　攻撃行動は適応的な行動である一方で，ケガを負う危険を伴う行動です。そのため，動物の攻撃行動の多くは一定のルールに則っているように見えます。例えば，雄マウスの攻撃行動を見てみると，相手の背中やお尻など，多少傷ついても生命に影響がないような部位に噛みつき，喉元や腹部などの脆弱な部分にはほとんど噛みつきません。そして，相手が**服従姿勢**（立ち上がって腹部や喉元を相手に見せる）を示して負けを認めると，攻撃行動が減っていきます。危険な武器をもつ動物（例えば大きな角をもつダマジカ）は，攻撃行動において互いの武器をぶつけ合って強さを競いますが，その武器を相手の無防備な横腹などに向けることはありません。このように，危険な攻撃行動だからこそ，ブレーキの仕組みも備わっているのです。ヒトがボクシングなどの格闘技においてルールに則って試合をするように，動物たちも一定のルールを守って戦っているようです。

ストレスがかかると攻撃的になる？　私たちは嫌なことや思い通りにならないことがあるとイライラします。雄マウスも，嫌悪刺激（微弱な電気ショック）を与えられると，その後の攻撃行動が増加することが知られています。また，オペラント条件づけという方法で，雄マウスがレバーを押すと餌がもらえるという関係を学習した後で，ある日レバーを押しても餌が出ないという条件におかれると，攻撃行動が増加することも知られています。これは，レバーを押したら餌がもらえるはずという期待が外れた欲求不満による攻撃行動の増加と考えられます。また，子どもの頃のストレス経験も攻撃行動に影響を与えることが知られています。思春期にきょうだいや仲間から離されて１匹だけで飼育された雄マウスは，きょうだいと一緒に過ごした雄マウスよりも，激しい攻撃行動を示すようになります。このようなストレスが与えられたマウスは，先に述べた攻撃行動のルールも守れなくなってしまい，相手のからだの脆弱な部分にも噛みついてしまうことが知られています。ヒトにおいても幼少期や青年期のストレス経験が攻撃性のリスク要因の１つとされていますが，動物においても同様なことがいえるようです。

勝つことは嬉しい？　じゃんけんやスポーツなどの対決に勝つと嬉しいものです。怒りは負の感情とされていますが，その一方で攻撃行動には快感が伴うことがマウスの研究から示されています。先ほど述べたオペラント条件づけで，レバーを押すと餌が出る代わりに，今度はレバーを押すとライバル個体がやってくるという条件づけを行いました。そうすると，やってきたライバルを攻撃して勝った個体は，レバーをどんどん押してライバルを攻撃する機会をもっと欲しがるようになりました。また，別の実験では，２つの見た目が異なる箱にマウスを入れ，一方の箱ではライバル個体がいて攻撃行動を示すことができるようにして，もう一方の箱では一人ぼっちにしておきました。その後で，ライバルを取り除いてからこの２つの箱をつないで，マウスがどちらの箱に長く滞在するかを調べると，攻撃的なマウスはライバルがいたほうの箱を好んで選ぶことがわかりました。ただし，攻撃性には個体差があり，攻撃行動を示さないマウスも存在します。そこで攻撃性の低いマウスで同じテストを行うと，逆にライバルがいた箱を避けるようになりました。つまり，攻撃行動をして勝ったという経験が，動物にとって報酬になりうるということになります。このような攻撃が報酬価をもつという事実は，いじめをしてしまうメカニズムの理解につながるかもしれません。

攻撃行動に欠かせないホルモンとフェロモン　多くの動物において，雄のほうが雌よりも攻撃行動を示します。雄の攻撃行動は，思春期に増加して成体期に高いレベルに達します。思春期は性ホルモンの変動が大きく見られる時期で，雄の精巣から分泌される性ステロイドホルモンであるテストステロンの血中濃度が一気に増加します。テストステロンは雄の攻撃行動の出現には欠かすことができないホルモンで，去勢により精巣からのテストステロンがなくなった雄マウスは，攻撃行動を示さなくなります。また，性ステロイドホルモンには脳の性差を形作るはたらきがあり，雄の攻撃行動は雄型の脳をもっているときにはじめて出現します。つまり，性ステロイドホルモンは雄が雄ならではの行動（そして雌が雌ならではの行動）を示すための準備状態を作っているといえます。さらに，性ステロイドホルモンを受け取る受容体は，攻撃行動に関わる脳領域に多く発現していることがわかっています（2-3，2-4 参照）。

それでは，雄マウスはどのようにして相手が攻撃対象であると判断するのでしょうか。マウスにとって，攻撃行動に嗅覚情報は欠かすことができません。嗅覚情報を処理する脳領域である嗅球を除去すると，攻撃行動が消失します。嗅覚情報のなかでも特に，フェロモンという化学物質が社会行動には重要な役割をもちます。フェロモンとは同種の他個体に特定の反応を引き起こす化学物質の総称で，攻撃行動を誘発するフェロモンは尿や涙に含まれることがわかっています（3-2 参照）。おもしろいことに，社会的に優位な雄の尿には劣位雄よりも多くの攻撃誘発フェロモンが含まれていて，去勢をすると攻撃誘発フェロモン分泌が抑制されます。このように，攻撃行動にはその個体の特徴をあらわす社会的情報が含まれたフェロモンが影響しています。

4-2 強さってどうやって決まるの？
社会的順位

強さを決めるのは何のため？　動物たちは同種の個体同士で互いに強さを確認し合います。私たちヒトも含めた動物のからだの形や大きさに個体差（個人差）があるのと同じように，他個体との争いにおける「強さ」にも個体差があります。動物たちの争いにも，勝ち負けがあります。勝敗があるということは，争いの相手に自分が勝てそうか，あるいは勝ちめがなさそうか，互いの強さを判断しているということです。相手と自分の強さを決める方法についてはのちほど解説しますが，そもそも何のために強さを決めるのでしょうか。相手を傷つけることが目的ではありません。もし相手を傷つける行動が生存上有利にはたらくならば，相手を傷つける能力がより高い個体が生き残っていくことになります。進化の理論では，そのような競争は，どこかで頭打ちになることが知られています。なぜなら，相手を傷つけるような攻撃は，高いエネルギーが必要ですし，自分が傷つけられる危険性も高まります。激しい攻撃で命を落としてしまっては，遺伝子が残りません。そのような攻撃は次世代に引き継がれないため進化することはないのです。仮に生き残ったとしても，ボロボロに傷つくほどのコストやリスクを払っても，それに見合った食物や繁殖機会が得られる確率は低いため，激しい攻撃はやはり進化することはないのです。実際に，自然界の動物たちは互いに傷つけ合うような攻撃をすることはまれです。

動物たちが互いの強さを決めるのは，食物や食物を豊富に含むなわばりをめぐって争う場面や，求愛相手の雌をめぐって雄同士が争う（雄をめぐって雌同士が争うこともあります）場面です。さらに，同じメンバーで群れを作って長期に暮らす動物たちは，食物や求愛の機会をめぐって同じメンバー間で毎回争うようなことはせずに，互いの強さを覚えておき，弱い個体は自分より強い相手との争いを事前に避けることで，無駄な争いが生じないルールを作っています。このような群れのなかで強い個体を優位個体，弱い個体を劣位個体といいます。チンパンジーやヒヒ，マカクザル，ゾウやイルカ，カラスやメジロなどのさまざまな動物において，群れのメンバー間に社会的順位とよばれる優劣関係の秩序ができることも知られています。

図 4-2-1　シュモクバエの雄の争い

正面で向き合ってお互いの左右の眼幅を比べることで勝敗を決めます。

どうやって強さを決めるの？　では，動物たちはどのようにして互いの強さを決めているのでしょうか？　先ほど取り上げた争いの場面において，動物たちは，からだの大きさや色，特有の動作を見せたり，あるいは声を出したり音を鳴らすことで互いの強さを確認するディスプレイとよばれる行動を行います。ディスプレイは動物種ごとに独自に進化しているため，同一種内だけで意味をもつ行動です。それゆえ，私たちヒトが鳥のディスプレイを見ても何のことだかわからない，というようなことがしばしば起こります。

①からだの大きさや声　争いの勝敗を，からだやからだのある特定部分の大きさや色によって決める動物がいます。例えば，シュモクバエは，両眼が左右に離れた奇妙なからだのつくりをしています（図 4-2-1）。雌をめぐって争う雄同士は，正面で向かい合い，自分と相手の眼の離れている長さを比べ，長いほうの個体が勝利します。負けを認めた個体はその場から立ち去るか，降参を意味するディスプレイをします。負け個体がどのように行動するかは動物種によって異なります。

アカシカの雄は繁殖期に雌をめぐって争います。雄は互いに角をぶつけて押し合う力比べをし，押す力が大きいほうが勝利します。からだが大きいほど大きな力を出せるので，からだの大きさによって勝敗が決まります。加えて，アカシカは角をぶつけることなく，声だけで勝敗を決めることもあります。雄は唸り声を発します。この声は遠くまで届き，離れた場所にいる雄にも聞こえます。からだの大きな雄ほど低い声を発することができます。言い換えれば，強い雄ほど低い声を発するのです。低い唸り声は，角をぶつけ合わなくても，あの雄は自分より強いという判断材料になるため，無駄な争いを避けるという利点もあります。

②先住効果　眼を向かい合わせたり，角で押し合うなどの行動は，互いの強さを判断し，争いの勝敗を決める重要な要因ですが，その行動がどこで行われるかという環境要因が一方の個体に有利にはたらくことがあります。例えば，ある個体のなわばり内で起きた争いは，そのなわばりを所有している個体が勝

つ確率が圧倒的に高くなることが知られています。これは先住効果とよばれ，なわばりをもつさまざまな動物において見つかっている現象です。なわばりを所有できる個体はそもそも強いのだから，なわばりという環境が勝敗の決定に影響しているわけではないという批判もあります。しかし，繁殖のために特定の場所へ移動するチョウは，なわばりをもちませんが，繁殖地に先にたどり着いた個体ほど争いに勝ちやすいことから，先住効果がなわばり所有とは関係なく勝敗を決定する環境要因になっていることを示す証拠も見つかっています。

③推　　論　群れを作って暮らす動物には，群れのメンバーの強さを１位，２位，３位……のように順位として並べることができる場合があり，これは社会的順位とよばれます。このような仕組みを作ることで，下位の個体は勝ちめのない上位個体との無駄な争いを避けることができ，その結果，群れ内での争いが少なくなるのです。順位は群れの平和を保つ仕組みということもできます。

ここで，新しく群れに入る個体は，群れ内での自分の順位を適切に判断しなければなりません。群れのメンバー全員と争うわけにもいきません。カラスの一種であるマツカケスは，自分よりも強いとわかっている個体が，知らない相手から打ち負かされている場面を観察すると，その相手には争いを挑むことなく，初対面時から降参ディスプレイを示すことが知られています（図 4-2-2）。自分より強い個体を打ち負かす個体は，自分より強いはずだ，という推論を用いているのです。こうした推論をつかえば，知らない相手であっても勝ちめのない無駄な争いを避けることができ，群れにおける自分の順位を効率的に判断できると考えられています。推論による順位の判断はカワスズメ科の魚でも発見されています。

このように，動物たちはさまざまな方法で互いの強さを決めています。そこに共通しているのは，強さを決めること自体が目的ではなく，あくまで食物や求愛機会をめぐって無駄な争いを避けるための手段であるということです。

図 4-2-2　推論による順位の判断

カケスは，自分より強い個体を打ち負かすほどの個体だから自分より強いはずだという予想（推論）をもとに，その相手には争う姿勢を示しません。

4-3 他人の不幸は蜜の味!?
妬みとシャーデンフロイデ

ヒトは非常に社会的な動物です。私たちは，相手と同じ感情を共有する一方で，自分と他人を比較して喜んだり，悲しんだりすることもあるでしょう。このように，他人の感情を理解し，それに応じて自分の感情を変化させるこころのはたらきのことを，共感性とよびます。共感性には，例えば，仲のよい友達がスポーツの試合で勝って喜んでいるときに，見ている自分も同じように嬉しくなってしまうといった場合のような正の共感と，友だちが試合に負けて悲しんでいるときに自分も同じように悲しくなってしまうような負の共感とがあります。このように他人が示している喜怒哀楽などの感情と同じ感情を抱く共感性に加えて，他人が示している感情とは全く逆の感情を抱く共感性もあります。その1つは，相手が喜んでいる際に，自分は逆に嫌な気持ちになる逆共感です。私たちが抱く嫉妬という感情は，これに当てはまります。反対に，相手が悲しんでいるときに，自分が密かに嬉しくなってしまう気持ちは，ドイツ語に由来する言葉でシャーデンフロイデとよばれます。いわゆる，ざまあみろという気持ちはこれに当てはまるでしょう。このように共感性は相手が示す感情と自分の抱く感情の違いによって，大きく4つに分類できます（図 4-3-1）。また，逆共感やシャーデンフロイデといった，相手が示している感情とは異なる感情を抱くという複雑な共感性は，ヒトに特有なこころの機能なのではなく，進化的起源をもつ可能性がいくつかの研究で報告されています。

動物も嫉妬する？　嫉妬にはさまざまな種類がありますが，人間関係において私たちが嫉妬という感情を抱く典型的な例として，自分の親友やパートナーが自分以外の人と親しくしているときに抱くジェラシー・やきもちが挙げられます。ティティという小型のサルは，雄と雌の1匹ずつが夫婦（つがい）となって生活するという特徴をもっています。このサルの夫婦を実験的に一度引き離し，妻サルが他の雄ザルの近くにいるところを夫サルに見せると，こ

図 4-3-1　共感性の分類

		見ている側の感情	
		快	不快
見られている側の感情	快	正の共感	逆共感
	不快	シャーデンフロイデ	負の共感

（出所）神前・渡辺，2015。

の夫サルの体内でストレスホルモン（コルチゾール）が上昇することがわかりました。この結果は，夫サルがある種のやきもちを感じている可能性を示しています（Maninger et al., 2017）。このようなやきもちは，家庭で飼われているイヌと飼い主の関係性においても認められることが報告されています。飼い主に，①イヌのぬいぐるみと遊ぶふりをする，②ジャックオランタン（ハロウィンのカボチャ）と遊ぶふりをする，③絵本を読む，という3パターンの行動をとってもらい，その間，飼いイヌが何をしてきても無視するようにお願いしました。すると，飼い主がイヌのぬいぐるみと遊ぶふりをしているときに，飼いイヌは積極的にぬいぐるみに噛みついたり，飼い主とぬいぐるみの間にからだを割り込ませたり，ぬいぐるみや飼い主を押したりすることがわかりました（Harris & Prouvost, 2014）。一方，飼い主がカボチャと遊ぶふりをしたり，絵本を読んだりしているときはこのような行動はあまり認められませんでした。人間のやきもちと類似した原初的な感情が飼い犬にも存在しているのかもしれません。

他人の不幸は蜜の味？　では，嫉妬の裏返しともいえるシャーデンフロイデを動物が抱く可能性はあるのでしょうか？　マウスは，数匹の集団で飼育すると，最初は喧嘩ばかりしていますが，しばらくするとその集団のなかでの社会的な順位が決まり，下位マウスは上位マウスに食事の順番を譲ったりすることがわかっています。3つの部屋から構成される実験箱の片方の端の部屋に，薬物によって肢に痛みを感じるようになっている上位マウスを置き，下位マウスを中央の部屋に放ちました。すると，下位マウスは痛がっている上位マウスのいる部屋により長く滞在しました（Watanabe, 2014）。さらに，痛がっている上位マウスがいない状態でも，下位マウスは，依然として上位マウスがいた部屋に好んで滞在しました。動物は心地よさを伴う記憶と結びついた場所を好み，嫌な記憶と結びついた場所を避けます。痛がっている上位マウスを近くで見ていることが，下位マウスにとって心地よい経験であったのかもしれません。また，チンパンジーは，自分に対して好ましくない行動をとった飼育員が罰せられている状況を，多少苦労してでも見物に行くということがわかっています（Mendes et al., 2018）。この実験では，餌をくれる良い飼育員と，餌をくれるがすぐにまた取り上げてしまう悪い飼育員のどちらかが，柵を挟んで向かいの部屋で，別の人物に暴力を振るわれているところをチンパンジーが目撃します。

図 4-3-2　不公平を嫌い，実験者にキュウリを投げつけるフサオマキザル

しばらくすると飼育員はチンパンジーから見えない別の部屋へ連れて行かれてしまうのですが，暴力を振るわれているのが良い飼育員だったときに比べて，悪い飼育員だった場合，チンパンジーはわざわざ重い扉を開けてまで，より積極的に続きを見に行くのです。

動物も不公平は嫌い？　嫉妬やシャーデンフロイデという感情が生まれるメカニズムの１つに，不公平に対する負の感情である「不公平嫌悪」があると考えられています。私たち人間は「自分だけが損をしている」「他人だけが得をしている」という状況に対して，ストレスを感じるものです。動物心理学の研究では，フサオマキザルが顕著な不公平嫌悪を示すことが報告されています。ある実験（Brosnan & de Waal, 2003）では，サルがトークン（お金のようなもの）を実験者に渡すと餌がもらえる，という条件で，片方のサルにはキュウリを，隣の部屋にいる別のサルにはブドウを与えるようにしました。すると，隣のサルがブドウをもらっているのを見たサルは，キュウリの受け取りを拒否するようになり，実験者にキュウリを投げつけることさえありました（図 4-3-2）。

さまざまな共感性の意味　他者と同じ感情を共有する共感性は，動物の集団生活，ひいては種としての生存にプラスにはたらくことは想像できますが，他者の喜びに嫉妬したり，他者の不幸を密かに喜んだりする共感性には，どのような生物学的な意味があるのでしょうか。一説によると，これらの感情は，群れで生活している個々の動物が生き残っていくのに重要であると考えられています。他の子どもと比べて，親にいつも餌をもらえない子どもは，生存の危機が高まります。しかし，そのような不公平が生み出す妬みのような感情に突き動かされてより積極的に餌をもらおうとする子どもは，生き残る可能性が高まります。また，他の動物の不幸を喜ぶような感情はその動物が集団のなかで上位になるのに重要な機能をもっているのかもしれません。私たちが抱いているさまざまな共感性は，このように動物たちが生き残るために身につけたこころのはたらきの名残あるいはその発展型なのかもしれません。

4-4 助けなきゃ！
共感と援助

　次のような場面に居合わせたことを想像してみてください。大勢の人の前でスピーチをしている人がいます。とても緊張しているようです。話の途中で話す内容を忘れてしまったのか，固まってしまいました――いかがでしょうか。何とも落ち着かない気持ちになりませんか。他者が体験している感情と同じ感情を自身が体験することを（正または負の）**共感**といいます（図 4-3-1 参照）。「他者と感情を共有する」ともいわれます。この例では，多くの人の前で固まっている人を見て（想像して），自分も恥ずかしくてしかたないような気持ちになってしまうことにあたります。

げっ歯類の共感　こうした共感は，マウスやラットなどのネズミにも生じることが知られています。あるネズミがいるとします。そのネズミ自身が実際に嫌な状況にいるわけではないのですが，他のネズミが嫌な状況にあるという情報を何らかの形で取り込むと，そのネズミに嫌な感情が生じます。例えば，ネズミの足に電気ショックを与えると，じっと固まって動かなくなります。これは電気ショックの痛みに対する恐怖を反映する反応だと考えられています。あるネズミが，ショック刺激を与えられている他のネズミの情報を取り込むと，自身は電気ショックを受けているわけではないのに，じっと固まるという恐怖反応を示します。つまり，他のネズミの恐怖感情に共感しているのです。このような他者の感情体験を共有する共感は，**情動伝染**ともよばれます。

　ここでは，あえて他個体の「情報を取り込む」という言い方をしました。単に他個体が「どういう状態なのかを知る」といったほうがわかりやすいかもしれません。ですが，「知る」というと「理解する」という意味にもとれます。共感には，他者と感情を共有するということに加えて，他者が体験している感情を理解することも含まれますが，これらは分けて考えたほうがよく，先に述べたスピーチで固まっている人の例だと，理解のほうは「恥ずかしい気持ちでいるだろうな」とわかることに相当します。ネズミが他者の感情状態を理解しているかどうかを示すことは簡単ではなく，まだよくわかっていません。

　また，他個体の状態についての情報を取り込む際に，どういう感覚情報が効

図 4-4-1　援助行動の実験場面

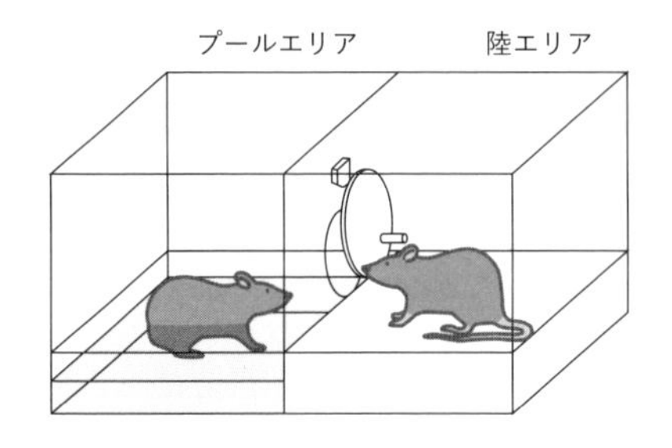

いているのかもハッキリしているわけではありません。私たちヒトを含めて動物の多くは，目で見る光の情報（視覚），耳で聞く音の情報（聴覚），鼻でかぐ匂いの情報（嗅覚）など，外界の情報をさまざまな形で取り込みます。共感については，視覚情報や嗅覚情報が重要だという報告もありますが，どの感覚が重要なのかはまだ確定しておらず，今後の研究が待たれるところです。

向社会的行動　親しい友だちが落ち込んでいるので，なんとか元気づけようと，どこかに連れ出した——というような経験はありませんか。困っている人を目の前にすると，つい手を差し伸べたいと思う，あるいは実際にそのように行動してしまうことはないでしょうか。私たちは仮に自分が損をすることになったとしても，他者に利益をもたらすような行動をすることがあります。このような行動を**向社会的行動**といいます。向社会的行動は，他者への共感を動機として生起すると考えられています。つまり，相手のツラい気持ちに共感することで，なんとかその人が楽になるように行動するということです。

向社会的行動の１つである**援助行動**も，ネズミなどのげっ歯類に見られることが実験的に示されています（Sato et al., 2015）。ペアで飼育されているラット（ケージメイト）の片方を水が張られたプールに入れ，もう片方はプールに隣接した水のない部屋に入れます（図 4-4-1）。ラットは泳ぐことができるのですが，水に浸かることは嫌います。できれば濡れたくないわけです。水に浸かっているプールエリア側のラットが水から出るためには，２つの区画を仕切っている壁のドアを，陸エリア側のラットに開けてもらう必要があります。陸側のラットは，ドアを開けても何もよいことはありません。それどころか，プールに浸かっているラットが陸側に出てくると自分も濡れてしまうことになります。それでも陸側のラットはドアを開けてプール側にいるケージメイトのラットを水から助け出します。また，何日か実験を繰り返すと，部屋に入れられてからドアを開けるまでの時間（潜時）が短くなっていきます。つまり，陸側のラットはドアを開けることを「学習」するのです（図 4-4-2 の黒丸実線）。

ドアを開けることはどのようにして学習されたのでしょうか。水に浸かっているケージメイトのラットの情報を何らかの形で取り込むと，陸側のラットに嫌な感情，つまり共感が生じます。ドアが開くと，水に浸かっていたラットは水から出ることができ，嫌悪的状況から脱出することができます。その結果，陸側のラットにとっての嫌な感情の原因がなくなります。これは不快感情から中性的な感情状態への変化ではありますが，方向としては快方向への変化になります。ある行動をした結果として快刺激（餌など）が与えられると，その後その行動が増えるという学習が生じます（**道具的条件づけ**）。この場合は，ケージメイトが嫌な状況にあるという情報源がなくなることが快方向への刺激に相当し，ドアを開けるという行動が強められたわけです（この場合は出現までの時間が短くなる形で行動の変化が生じています）。この考え方からすると，もしケージメイトが嫌な状況にない場合，ドア開けは学習されないと考えられます。実際に，ドア開け行動はケージメイトが水に浸けられていない場合は学習されませんでした（図4-4-2の白三角点線）。つまり，ケージメイトが嫌悪的な状況に置かれた場合にのみ，ドア開けが学習されることになります。

図 4-4-2　援助に当たるドア開け行動の潜時の変化

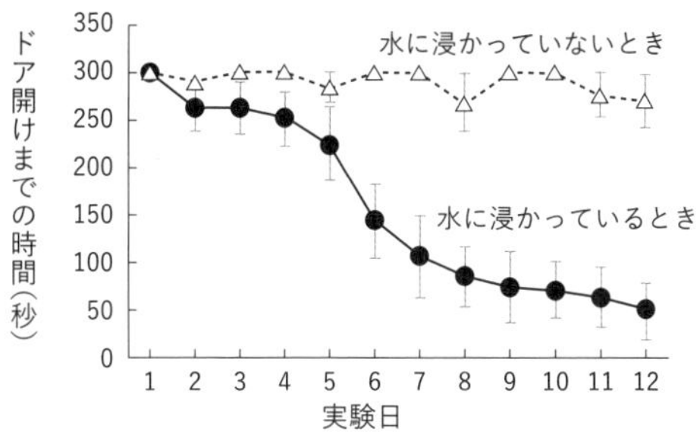

援助行動の神経メカニズム　このような援助行動に，**オキシトシン**という物質が関わっています。オキシトシンは，神経細胞のオキシトシン**受容体**で受け取られますが，その受容体の遺伝子を欠損させたネズミ（プレーリーハタネズミ）では，上のような援助行動の学習が損なわれます（Kitano et al., 2022）。また，脳内の**前部帯状皮質**とよばれる領域の神経細胞に対して，オキシトシンがはたらけないように処置をすると，援助行動の学習が損なわれます（Yamagishi et al., 2020）。つまり，この領域の神経細胞にオキシトシンが作用することが援助行動の学習に重要な役割を果たしているのです。とはいえ，オキシトシンは脳内のあらゆる領域に影響を及ぼしていますので，他の領域との情報のやりとりなど，まだまだこれから明らかにしないといけないことがたくさんあります。

コラム⑥　不合理な行動で，不条理な世界を生き延びる

「おだやかに会話をしていた友人が，いきなり席を立った。私の言葉が気に障ったのか？ その理由がわからない。あれこれと理由を探し始める」。このような経験をされたことはあるでしょうか？　アリストテレスは著書「自然学」で，「自然は真空を嫌う」と言っていますが，こころも「理由の真空」を嫌うようです。しかし，行動にはいつも合理的な理由があるのでしょうか？　あるとしたら，どこに見つかるのでしょうか？　ヒヨコのふるまいから考えてみましょう。

ヒヨコが生きる現実は過酷だ　ニワトリなどのキジ科の鳥は早成性で，孵化直後から自立して餌を採り始めます。母鳥は多くの卵を産み孵化させますが，巣立ちまで育つのは十数%に過ぎません。多くは捕食されるか餓死します。親は守ってくれても給餌はしないのです。ヒヨコはひたすら食べ続けて早く成長し，危機的な幼若期を脱しなくてはならないのです。食うか，死か，です。

行動生態学者のジラルドー（Giraldeau, L.-A.）は群れの中の個体に着目し，社会採餌の理論を組み立てました。次のようなことです。

「食って生き延びるためには，2つ手がある。自分で稼ぐか，他者の餌を奪うか。生産者と略奪者の織りなすゲームである」。

生産者の利益は自分と資源との関わりで決まりますから，物理学のロジックになります。略奪者の利益は自分と他者との関わりで決まりますから，社会学のロジックです。社会採餌を考えることは，物理学と社会学の2つを統合していく仕事になるのです。

さて，ヒヨコです。社会採餌のもとでは衝動性が亢進し，労働投資量が高まることがわかりました（詳しいことは松島俊也ウェブサイト「Matsushima Laboratory of Ethology and Cognitive Neuroscience」https://sites.google.com/view/matsushima-2022/ をご覧ください）。衝動性とは状況を見ずに突き動かされる，熟考を欠いた愚かな行動を指す言葉と受け取られています。しかし社会物理学的には妥当な行動であることがわかってきました。

変化率が意思を支配する　異時点間選択という課題が心理学にあります。すぐに手に入る1000円と，1週間後の2000円と，どちらか1つを今選べ，と迫るものです。財布の中身が豊かなら，1週間待ったほうがよいでしょう。空っぽなら，今日1000円を取る必要があるでしょう。この意思決定には唯一の正解というものはありません。どちらにも選ぶ理由があるからです。ヒヨコの実験ではお金の代わりに粟粒を使いました。1粒ならすぐに与え，6粒なら数秒待たせました。そして，

6粒の待ち時間を何秒に設定すればヒヨコは6粒をあきらめて1粒の選択肢を選ぶようになるかを調べたのです。1羽なら答えはおよそ2秒でした。ところが3羽で競争させると，この時間が1秒に縮まりました。社会が強いる競争は，衝動性を亢進したわけです。

次に，15秒に1粒の粟粒を出す餌場を2つ用意しました。ヒヨコは2つの餌場の間を交互に訪問するようになります。その間隔は5秒から10秒と短く，餌場に行っても粟粒がまだ出てこない，という状況が当たり前になります。これでも十分にせわしないのですが，2羽にすると間隔はさらに短くなり，2羽のヒヨコの餌場訪問が同調し始めました。競争は**同調行動**を生み，過剰な労働投資を生んだわけです。まるで人間のように。

どれもこれも**不合理**に見えます。ヒヨコは愚かだから不合理にふるまうのでしょうか。そうではないようです。賢いはずの人間も同じようにふるまうからです。考えているうちに利潤率という経済学の基礎にたどり着きました。餌といつ遭遇するか，これは決して知ることができない，それが現実です。その確率が高いか低いかは，経験から推定できるかもしれません。しかし，今この場所で餌が見つかるかどうか，ということは，根源的に不可知なのです。不可知な世界で利益を確保するためには，近視眼的にふるまうことが最良です。利潤の時間的変化，つまり「今がどれほど良くなりつつあるか」を感じ取って意思決定するべきなのです。

数学を武器にこの行動を考えてみました。**参考図書・WEB案内**の（Ogura et al., 2018）をご覧ください。高校1年生の初等数学のレベルです。不可知な世界で生き延びる不条理が，どれほど不合理な行動を生み出しているか，その理由の一端がわかることと思います。

行動の科学はまだまだ未熟です。物理学のような精密科学には育っていません。ニュートンが惑星とリンゴの動きを説明するために新しい数学（微積分）を作り出したように，読者の皆さんが社会と行動を，そしてこころを説明する新しい数学を生み出すことを期待してやみません。

第 4 章 参考図書・WEB 案内

ローレンツ，K.／日高敏隆・久保和彦訳（1985）.『攻撃——悪の自然誌』みすず書房
藤田和生（2017）.『比較認知科学』放送大学教育振興会
ルーベンスタイン，D. R.・オールコック・J.／松島俊也・相馬雅代・的場知之共訳（2021）.『オールコック・ルーベンスタイン　動物行動学』（原書 11 版）丸善出版
小野武年監修／渡辺茂・菊水健史編（2015）.『情動の進化——動物から人間へ』（情動学シリーズ 1）朝倉書店
ドゥ・ヴァール，F.／柴田裕之訳／西田利貞解説（2010）.『共感の時代へ——動物行動学が教えてくれること』紀伊国屋書店
スキナー，B. F.／坂上貴之・三田地真実訳（2022）.『スキナーの徹底的行動主義——20 の批判に答える』誠信書房
レイランド，K.／豊川航訳『人間性の進化的起源——なぜヒトだけが複雑な文化を創造できたのか』勁草書房
Ogura, Y., Amita, H., & Matsushima, T.（2018）. Ecological Validity of Impulsive Choice: Consequences of Profitability-Based Short-Sighted Evaluation in the Producer-Scrounger Resource Competition. Frontiers in Applied Mathematics and Statistics. https://www.frontiersin.org/articles/10.3389/fams.2018.00049/full

第 5 章

動物の感覚・知覚から探る

彼らの感じている世界は我われと同じか？

5-1 なぜ形がわかるの？
視覚世界

光から視覚へと変換する基本的なメカニズム　目を開けると周りにある物体や景色を見ることができます。目を閉じると視覚世界は消えるので，私たちは目で世界を「見ている」という印象をもつかもしれませんが，これは半分正しくて半分間違いです。確かに，私たちが世界を見ることができるのは目の裏側にある網膜の視細胞が光に対して応答するからですが，個々の視細胞はごく狭い視野範囲の光の強弱を検出するだけであり，景色の内容（形などの詳細）を検出しているわけではありません（光を電気信号に変換する部品であるデジタルカメラの撮像素子がその映る対象を理解していないのと同じです）。網膜で検出した光情報は視神経を通って脳に送られ，さまざまな処理が行われることで景色やそのなかの物体の形が検出されます。

脳では単純な特徴から複雑な特徴へと，視覚情報は階層的に処理されます（図5-1-1）。例えば，視神経が間脳を経由して接続する1次視覚野（V1）では，網膜で得られた個々の視細胞の情報を組み合わせ，特定の傾きに応答する神経細胞が見られます（Hubel & Wiesel, 1962）。V1の情報は次に高次視覚野に送られ，より複雑な視覚特徴が処理されます。高次視覚野の1つである下側頭葉（IT）は特定の物体の視覚像に応答し，物体を回転させたり拡大させてもなお選択性が維持されます（Desimone et al., 1984）。私たちは見る角度や距離，光源などが変化しても同じ物体だと認識したり似た物を同一のカテゴリにまとめたりしますが，その背後には高次視覚野による，物体特徴の検出が関わっています。

図5-1-1　視覚処理の概略図

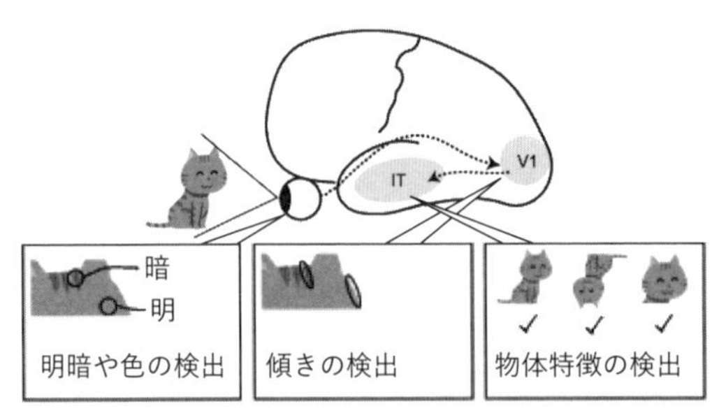

網膜では光の強弱を検出するのに対し，脳の1次視覚野（V1）では傾きを検出し，高次視覚野（下側頭葉：IT）では物体特徴に応答する。
（出所）Hubel & Wiesel, 1962；Desimone et al., 1984 をもとに作成。

図 5-1-2　大きさの恒常性

2 羽のハトは同じ大きさだが，遠くにあると知覚される（A）に配置されたハトよりも大きく見える。

図 5-1-3　ハトの訓練課題

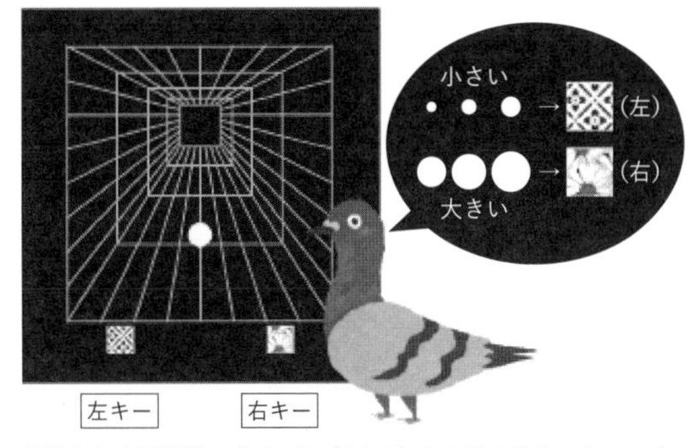

提示された円刺激のサイズに応じて左右の異なるキーをつつくことで餌報酬が与えられた。白丸の位置が訓練時の提示位置（中間）。テストではこれより上下にずらして提示する。

動物の視覚を調べる方法　ヒト以外の動物（以下，動物）もまたヒトと同じように視覚処理し，形を区別したりまとめたりするのでしょうか。また，それはどのような方法で調べることができるでしょうか。ハトを対象とした大きさの恒常性の実験を例に，動物実験の方法を説明します（Hataji et al., 2020）。

大きさの恒常性とは，見る距離によって網膜に映る物体の像が変化しても，知覚される大きさはその影響を受けにくいという現象です。大きさの恒常性を利用すると，図 5-1-2 のように，実際には同じ大きさの物体が違う大きさに見える視覚的な錯覚（錯視）刺激を作ることができます。この刺激では，背景の奥行情報から，上（A）に配置された物体のほうが遠くに位置すると視覚的に解釈されます。網膜上の大きさが同一でも，遠くにあると知覚される物体 A は，（大きさの恒常性により）近くにあると知覚される物体 B よりも大きいと認識する補正がはたらきます。

ハトの大きさの恒常性を調べる実験では，大きさの分類課題訓練を用いました（図 5-1-3）。6 種類の大きさの刺激のいずれかをタッチモニタに提示し，小さい 3 種類が提示された場合は左のキーを，大きい 3 種類が提示された場合は右キーをつつくと餌報酬が与えられるようにしました。間違ったキーを押すと画面が暗くなり，次の刺激が提示されるまでハトは数秒間待たなければいけませんでした。1 日 300 試行ほどの訓練を毎日繰り返すと，ハトは餌を手に入

図 5-1-4　ハトにおける大きさの恒常性

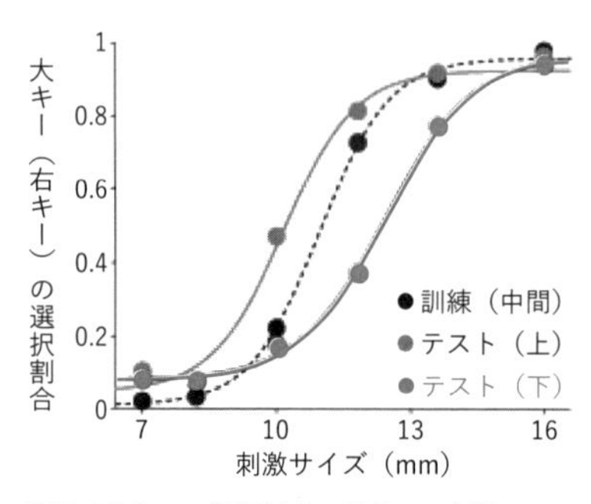

縦軸は大キーの選択割合，横軸は円刺激のサイズを示す。円刺激を上に提示した場合には大キーの選択割合が上昇し，下に提示した場合は減少した。

（出所）Hataji et al., 2020 を改変。

れるために徐々に正しいキーを選択することを学習していきます。

訓練が完了した段階でテストを行います。訓練と同じ試行に加え，10% ほどの割合で，刺激の位置を上，もしくは下にずらすテスト試行を行いました。もし大きさの恒常性がハトでも見られるなら，上にずらした場合は刺激が遠くに見えるので刺激は大きく知覚される（下の場合は逆に小さく見える）はずです。物理的に同じ大きさの刺激を提示しても，上にずらした場合は大きいほうに対応する右キー（大キー）の選択割合が高く，下にずらした場合は低くなると予測されます。

結果は図 5-1-4 のようになりました。訓練，テスト条件にかかわらず，刺激サイズが大きくなるほど大キーの選択割合が増加しています。これは，ハトが大きさの分類課題を学習できていることを示しています。また，訓練とテストを比較してみると，上にずらした条件では大キーの選択割合が全体的に増加し，下にずらした条件は逆の傾向を示しました。物理的に同じ大きさの刺激でも上に提示するほど大きく知覚されており，ハトもヒトと同様に大きさの恒常性をもつことが示されました。

動物の視覚を調べる意義　大きさの恒常性はヒト以外の霊長類やげっ歯類でも確認されており，多くの動物種に一般的な視覚特性と考えられます。一方，種差が見られるさまざまな視覚特性も報告されています。色覚や視力など，目の視細胞の形態や光学的特性の差異に起因するものもあれば，大きさの恒常性以外の錯視の生じ方の違いなど，脳の視覚処理に起因すると考えられるものもあります（Qadri & Cook, 2015；Feng et al., 2017）。動物の視覚を調べると，それぞれの種の視覚特性がわかるだけでなく，私たちヒトの視覚世界が，動物がもつ無数の視覚世界の 1 つであることを気づかせてくれます。

5-2 音で世界を「見る」?
エコーロケーション

コウモリはどんな生き物?　夏の夕暮れ時に空を見上げて，そこに小さくヒラヒラと舞う影があれば，それは十中八九コウモリでしょう。注意深く，根気強く観察すれば，コウモリが空中で頻繁に急旋回，急降下を行う様子が見られるはずです。そのとき，彼らは餌である飛翔昆虫の捕食を行っています。日が完全に暮れて真っ暗になっても，彼らは空中で小さな昆虫を捕らえることができます。彼らは聴覚に頼って世界を「見て」いるのです。

コウモリの発する超音波　コウモリは自ら超音波帯域の音声（以下，パルス）を発して，その反響音（以下，エコー）を聴くことで，周囲の環境を把握します。これを，反響定位（エコーロケーション）といいます。超音波とは，ヒトが聴こえる上限とされる20キロヘルツを超える周波数の音です。1930年代に，ハーバード大学の学生であったグリフィン（Griffin, D.）は，同大学の教授ピアース（Pierce, G. W.）が開発した超音波探知機の前にコウモリをもっていき，コウモリが超音波帯域で活発に鳴いていることを示しました。動物の行動を理解するにあたって，観測は非常に重要です。しかし，私たちヒトの感覚には限界があり，感じることのできない光や，音，匂いがあります。顕微鏡によって細胞が見え，超音波探知機によってコウモリの音声が聞こえるように，生物学における飛躍的な発展は，しばしば技術的な進歩によりもたらされてきました。

コウモリが世界を音で視るために発する音声はどのようなものなのでしょうか。大多数の種は，周波数変調（Frequency-modulated；FM）型とよばれる，わずか数ミリ秒で周波数が急激に低下する音声を用います（図5-2-1左）。周波数定常（constant frequency；CF）音とFM音を組み合わせた，数ミリから数十

図5-2-1　コウモリがエコーロケーションに使用する音声の模式図

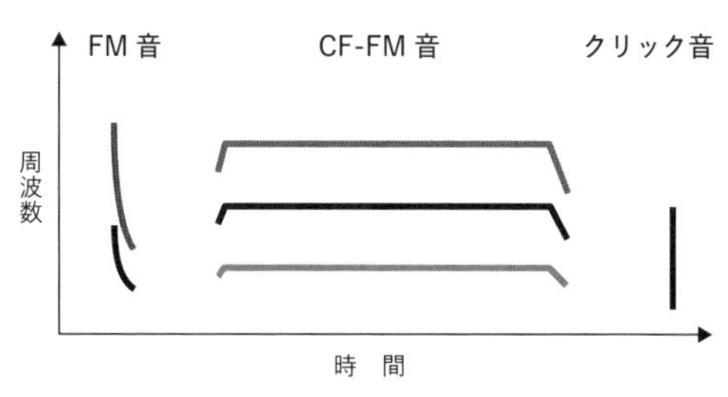

色の濃さは音のエネルギーの強さをあらわす。

（出所）Yovel et al., 2011をもとに作成。

ミリ秒の比較的長いCF-FM型の音声を用いる種もいます（図5-2-1中央）。例外的に，舌打ち音（クリック音）をエコーロケーションに用いる種もいます（図5-2-1右）。エコーロケーション音声とコウモリの生息場所や採餌場所は密接に関連しているといわれています（Neuweiler, 1984）。例えば，茂みの近くで昆虫を捕らえる種はCF-FM型の音声を使用し，昆虫の羽ばたきによってエコーのCF部分に生じる振幅，周波数の変調を検知すると考えられています（Schnitzler & Denzinger, 2011）。

エコーロケーションのメカニズム　我われヒトも優れた音源定位能力をもちます。目を瞑っていても，音が聞こえてくる方向を正確に指すことができるはずです。自分から見て左側から音が聴こえるとき，右耳よりも先に左耳に音が届き，また右耳より左耳に届く音のほうが大きくなります。私たちはこのような両耳性の情報を利用し，水平方向の音源を定位します。上下方向の定位は，耳介の形状によって生じる音の干渉が作り出す単耳性の周波数情報を利用しているとされています。コウモリも類似のメカニズムでエコー源の定位をしていると考えられています。

物体までの距離は，自ら発したパルスと返ってきたエコーの時間差を利用して計算します。シモンズ（Simmons, 1973）は，異なる距離に置いた2つの物体のうち，近いほうに着地するようにコウモリを訓練したのち，徐々に物体間の距離を狭めてみました。その結果，コウモリは，1cmの違いまでを区別することができること，その際，コウモリがパルスとエコーのわずかな時間差を距離の違いの測定に利用していることがわかりました。さらにその後の研究で，その基盤には時間差に応答する神経細胞のはたらきがあることが明らかとなりました（Feng et al., 1978）。

コウモリの混信回避行動　エコーロケーションによって，コウモリは夜の空で活動できるようになりました。一方で，コウモリが集団で活動すると，集団の各個体が環境把握のために発する音声が複雑な音環境（混信状況）を作り出します（図5-2-2）。コウモリは自身のエコーに類似した音声で妨害されると，距離弁別能が著しく低下します（Masters et al., 1996）。コウモリは類似した他個体の音声から，どのように自身のエコーを抽出するのでしょうか。

コウモリに搭載できる小型マイクロホンを用いて，同時に飛行する4個体か

図 5-2-2　ユビナガコウモリが集団で洞窟から出ていく際の音声

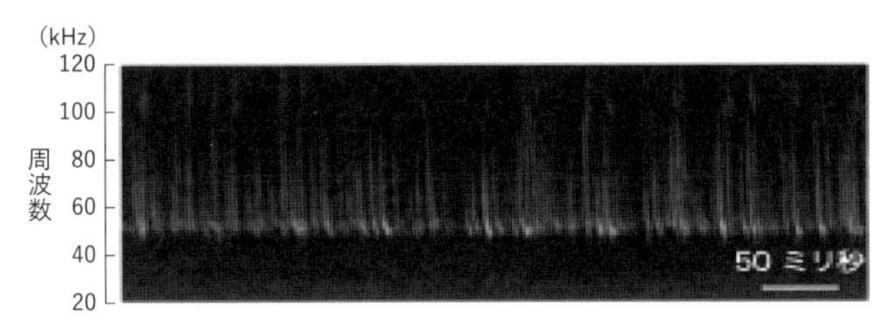

わずか数百ミリ秒の間に同種が発した，時間周波数構造の類似した音声がたくさんあり，どの音声がどの個体のものかわからない。

（出所）長谷・飛龍，2019 を改変。

図 5-2-3　単独飛行時と集団飛行時のコウモリの終端周波数の時系列変化

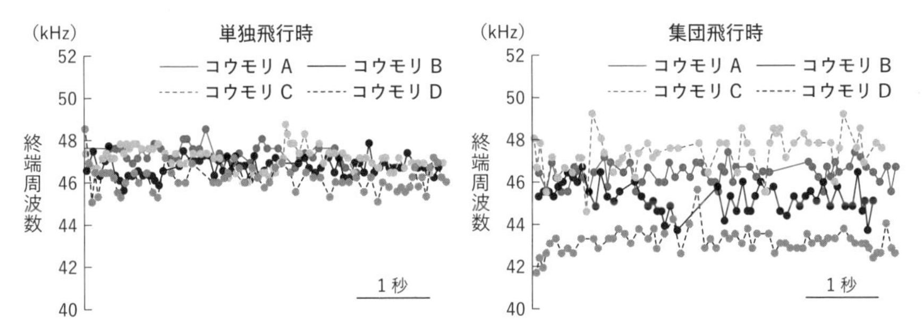

単独飛行時に比べ，集団飛行時に個体間の周波数差が大きくなっていることがわかる。

（出所）Hase et al., 2018 を改変。

らパルスを計測した研究で，コウモリがパルスの終端周波数（パルスの終端部の周波数）を互いに変化させ集団飛行時の混信を低減する可能性が示唆されました（図 5-2-3，Hase et al., 2018）。また，終端周波数の変化は，他の特徴の変化に比べて混信を低減するのに効果的であり，コウモリはエコーロケーションに使用する音声の特徴を活かした混信回避戦術を用いていることも示されました。しかしながら，どのようなルールで混信回避行動が行われるのか，また集団のサイズが大きくなるとコウモリはどうするのかなど，まだ謎は多く残っています。さらに，コウモリが自然環境下でのエコーロケーション中に実際に混信に悩まされているのか，実はいまだにわかっていません。上述したように，技術の進歩は生物学の発展を加速させます。近年では飛行するコウモリの神経細胞の活動を計測できるようになってきています（Kothari et al., 2018）。このような技術を用いることで，コウモリが音で見ている世界をより深く理解することができるようになるかもしれません。

5-3 どのようにして時間を感じているの？

時間認識

時間って，とても不思議ですね。幸せな時間は一瞬のように過ぎていくのに対して，つらい時間は永遠のように長く感じられます。「こころ」というものが明確な形をもたないものであるのと同じように，時間にも形がありません。私たちのからだのなかを覗いてみても，光を見るための目，音を聞くための耳とは違って，時間の情報だけを処理している器官や脳の領域といったものは見当たりません。どうやら，私たちはさまざまな感覚の情報を統合して，時間を認識しているようです。では，ヒトを含めた動物は，どのような仕組みで時間を認識しているのでしょうか？

時間の認識をどのようにして調べるのか？　ヒト以外の動物は，一体どのような仕組みで時間を認識しているのでしょうか？動物の時間の認識について調べるためには，まず実際に動物が時間を正しく認識しているのかを実験によって確認してみる必要があります。これまでの研究では，ハトやラットなどを，オペラント箱という実験箱に入れて，一定時間の間にキーをつつかせたり，レバーを押させたりするように訓練して，動物がどのように時間を感じているのかを動物の行動を手がかりに確かめる実験が行われてきました。しかしながら，こうした方法では，訓練に長い時間がかかる上に，動物が自由に箱の中で動き回ってしまうので，動物が本当に時間を「認識」しているのかどうかがわかりにくいという欠点がありました。例えば，明かりがついてから10秒が経過した後でボタンを押すと，報酬として餌がもらえるというような実験をしてみると，動物は箱の中をぐるっと回ってからボタンを押すようになったりします。これでは，時間を認識して動物が行動しているのか，単にある行動をした後には餌がもらえるということを学習しているだけなのか，よくわかりません。

そこで，これまで動物心理学で培われてきた実験の手続きと装置を改良して，動物の時間の認識を調べるための実験を行いました（Toda et al., 2017；図5-3-1）。この実験では，マウスの頭をやさしく固定して，リッキング（吸い口を舌で舐める行動）を反応として記録する装置を使用しました。マウスの喉を乾かさせて，10秒ごとに目の前にある吸い口から砂糖水が出てくるだけの簡単な

図 5-3-1 「ネズミの時間」を調べる実験

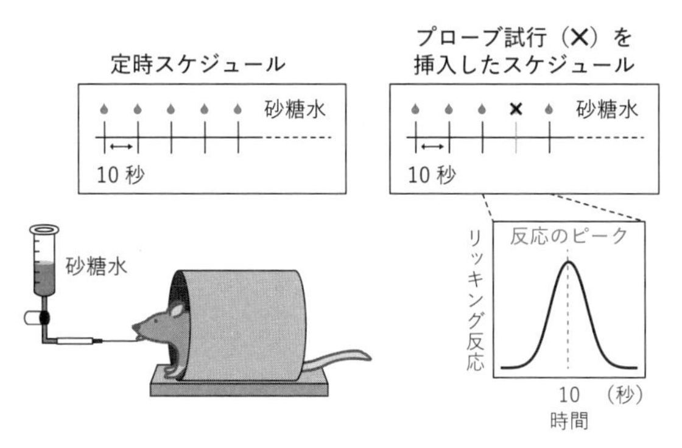

（出所）Toda et al., 2017 をもとに作成。

定時スケジュールで，1 週間ぐらい訓練を繰り返しました。すると，どのマウスも 10 秒後の砂糖水が出てくるタイミングが近づくにつれて，吸い口を舐める反応が増えたことから，マウスも時間を予測できるといえそうです。しかし，本当に 10 秒を正確に予測しているのでしょうか？ 動物が正確に 10 秒という時間を認識しているのかを調べるために，毎回，10 秒ごとに吸い口から砂糖水が出てきていた設定を少し変更して，時どき，10 秒たっても砂糖水が出てこないプローブ試行を挿入して，マウスの反応を調べてみました。すると，砂糖水が出ない場合にも，前に砂糖水が出た時点から，ちょうど 10 秒後の付近をピークとして，マウスがリッキング反応を示すことがわかりました。つまり，自由に動き回れない状態にしても，マウスは 10 秒という時間を正確に認識できているということです。

時間はどのように生み出されているのか？　私たちの「こころ」の機能は，脳の神経細胞の電気的・化学的な活動によって担われています。**1-2** で説明されているように，脳の神経細胞同士は，**活動電位**とよばれる電気的な信号と，神経伝達物質とよばれる化学的な信号を使ってやりとりしていて，そうした細胞たちが織りなす回路によって，「こころ」や行動といったものが生み出されています。では，どのような脳の回路が，時間の認識を実現しているのでしょうか？

私たちの脳の奥には，**大脳基底核**とよばれる領域があります。大脳基底核は，手や足，目などの体を動かすことに関わっているだけでなく，やる気や意欲，学習との関係に関しても注目されている脳の領域です。先に紹介した，10秒おきに砂糖水を与えて，たまに砂糖水を与えないで時間の認識をテストする課題を使って，マウスの大脳基底核の出口の部分に当たる回路を**光遺伝学**という手法を用いて刺激してみました。光遺伝学とは，光を用いて，脳の特定の細胞や経路を，ミリ秒単位の時間の精度で，興奮させたり，抑制させたりできる画期的な技術です（**コラム⑦**参照）。光で神経細胞を刺激すると，砂糖水が出ていても，マウスはリッキング反応をしなくなりました。さらに，砂糖水が出てから10秒後に見られていた反応のピークが，刺激をしていた1秒間ほど，後ろにずれることがわかりました。現在の運動を止め，未来の時間予測を遅らせること，すなわちマウスの「時間を止める」ことに成功したことになります。

脳のなかにある神経細胞の活動を操作することで，時間を止めることはできたわけですが，時間がどのようにして生み出されているのかについては，まだまだわかっていません。この疑問に迫るために，脳の神経細胞が活動したときに発現する**最初期遺伝子**とよばれる遺伝子を調べることによって，脳のどの領域が時間の認識に関連して活動しているのかを探索してみました。毎回，10秒おきに砂糖水が出てくる「時間を予測できる」場合と，平均すると10秒間隔となるものの，毎回，異なる間隔で砂糖水が出てくる「時間を予測できない」場合とで脳活動を比較してみました。その結果，「時間を予測できる」ときにだけ活動している脳の領域の候補がいくつか見つかりました。今後は，候補として挙がってきた脳領域の活動を前述の光遺伝学の手法などを用いて操作してみることで，時間の認識が脳のどこで生み出されて，どのように処理されているのかについて，明らかになっていくと期待されます。

時間の認識とそのメカニズムを調べる研究は，まだまだわからないことだらけです。これからの若い研究者たちの活躍が約束されている分野だともいえます。「なんだかおもしろそう！」「こんな研究なら，僕にも，私にでも，できそう！」という若者たちが，これからたくさん出てきて欲しいと思っています。

5-4 腹時計って本当？
生物リズム

皆さん，腹時計って知っていますか？ 朝ご飯，昼ご飯，晩ご飯と規則正しく食べている人は，いつもの食事の時刻になるとお腹が鳴る経験をしたこともあると思います。これが腹時計です。私もいつも腹時計が鳴ります。この経験からもわかるように人には生物リズムがあります。生物リズムはヒトだけではなく動物すべてがもっています。さらにいえば，動物だけではなく植物を含めて地球上のすべての生き物が生物リズムをもっているのです。

1 日は 24 時間です。春分の日と秋分の日では昼と夜の長さが同じ 12 時間昼，12 時間夜になります。専門用語ではこれを 12 時間明（Light：L）：12 時間暗（Dark：D）とよんで，LD12：12 と記したりします。日本のように四季が明確な国では夏は L が長く，冬は D が長くなります。生物リズムには約 1 年の周期をもつ概年リズム（circannual rhythm）もありますが，腹時計と関係しているのはサーカディアン・リズム（circadian rhythm）とよばれる，約 1 日の周期でまわる概日リズムです。「サーカ」は「およそ」の意味で「ディアン」は「1 日」ですので，そのまま「およそ 1 日のリズム」ということです。

サーカディアン・リズムの研究にノーベル生理学・医学賞が授与された　生物リズムの最初の研究は植物でした。ネムノキの葉が昼は開いていますが，夜になると葉が閉じることに気がついたド・メラン（de Mairan, J. J.）により 1729 年に *Royal Academy of Sciences in Paris* に報告されたのがはじまりです。ド・メランは，これが明暗に反応した結果なのか，常に暗いところに置いた恒暗条件にしても時刻に同調して起こることなのかを実験的に確かめました。その結果，恒暗条件にしても昼の時刻になると葉が開き，夜の時刻になると葉が閉じるリズムが数日続くことを観察しました。つまり，ネムノキの中に時計があったのです。

1930 年代後半には動物に見られる生物リズムについても多くの報告がなされるようになりました。1965 年にはリクター（Richter, C. P.）がラットの回転輪活動にサーカディアン・リズムが見られることを発表し，今日にいたる生物リズム研究の基礎を築きました。アショフ（Aschoff, J.）は隔離実験室実験で，

図 5-4-1　ショウジョウバエの概日リズム測定システム

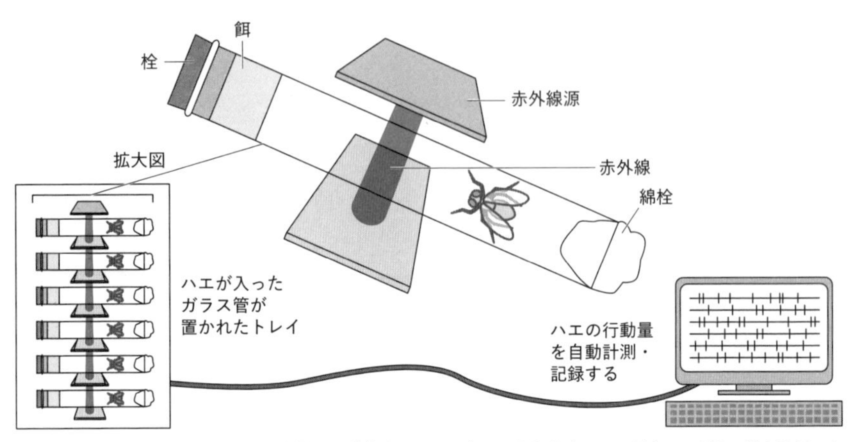

細いガラス管の片側に餌を入れ，反対側には綿栓をしてハエを１匹入れます。ハエが歩いてガラス管を横切ったときに赤外線を遮るのでその時刻を記録することができます。計測間隔は１秒から１時間まで設定可能で，2〜3週間程度は連続して自動計測することができます。複数個体を同時計測することができて，照明条件を変えれば明暗のリズムにどの程度同調することができるのかもわかります。

ヒトの睡眠や体温リズムを測定しました（Aschoff et al., 1967）。洞窟探検家であるシフレ（Siffre, 1975）は洞窟で６カ月間の長期滞在をして生体リズムを記録しています。

サーカディアン・リズムの基盤となる分子や神経メカニズムを解明しようとする研究も進みました。ヒトを含む多様な動物での多くの実験結果からサーカディアン・リズムの脳内中枢が間脳視床下部の**視交叉上核**（supra-chiasmatic nucleus；SCN）にあることがわかりました。さらに，サーカディアン・リズムは個体差が大きく，なかにはリズム異常を示す個体も見つかってきました。そこで遺伝子のはたらきに関する研究が進められ，その研究にはショウジョウバエが多く用いられました。

2017 年に「概日時計を調節する分子メカニズムの解明」で，メイン大学（アメリカ）のホール（Hall, J. C.）博士，ブランダイス大学（アメリカ）のロスバッシュ（Rosbash, M.）博士，それにロックフェラー大学（アメリカ）のヤング（Young, M. W.）博士の３名にノーベル生理学・医学賞が授与されました。彼らは，ガラス管の中でのショウジョウバエの動きを赤外線センサーをつかって自動的に測定することによって**睡眠－覚醒リズム**を記録し（図 5-4-1），サーカデ

図 5-4-2　ヒトのサーカディアン・リズム

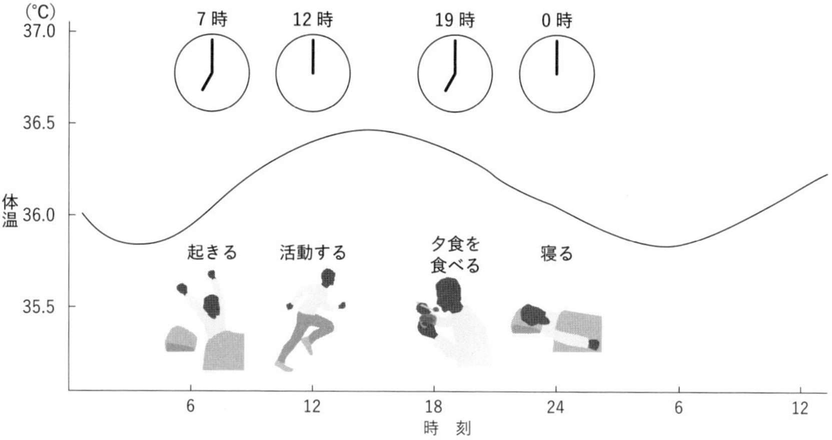

1 日のなかでの体温の変動は遺伝子発現により決定される典型的なサーカディアン・リズムです。起きる，活動する，食べる，寝るといった行動を規則的に行うことで行動の生物リズムが形成されます。

ィアン・リズムと遺伝子との関係を明らかにしたのです。ヒトでは，睡眠－覚醒リズムと同様に，1 日のなかでの体温の変動もきれいなサーカディアン・リズムを示すことが知られています（図 5-4-2）。体温リズム自体は遺伝子発現により決定される事象ですが，1 日の特定の時刻にさまざまな活動を規則的に行うことにより，行動の生物（日内）リズムが形成されていくのです。では，最初にお話しした腹時計にはどのようなメカニズムがはたらいているのでしょうか？

腹時計のメカニズムはまだわかっていない　腹時計のように「食べる」行為を毎日の同じ時刻に行うことでからだが反応するようになる現象を food entrainment（食物同調）といいます。食物という外的な刺激によって自分のからだにさまざまな反応が引き起こされるのですが，それが一定の時刻に起こるということが何日も続くと，そのタイミングでからだが反応するようになるのです。このような food entrainment という現象は遺伝子によって規定されているサーカディアン・リズムとは別のものであり，「学習」が関与していると考えられていますが，その仕組みはまだわかっていません。興味を抱かれた方は腹時計の仕組みの解明に挑戦してみてください。

コラム⑦　動物心理学で使う神経科学的手法

　こころの生理学的な成り立ち，つまり行動と脳の関係を明らかにすることは，さまざまな学問分野の知識や技術を用いる学際的な研究課題です。動物心理学では，行動している動物から脳神経活動を計測したり，脳神経活動に人工的な操作を加えた後に動物の行動に起こる変化を観察したりします。このような研究で用いられる技術の多くは，神経科学をはじめとした学問分野の研究成果がもとになっています。ここでは，動物心理学的研究で用いられる，人工的に神経活動を操作するための**神経科学的手法**の一部を紹介します。

損 傷 法　　**損傷法**とは，特定の領域の脳組織を破壊しその部位が担う役割を調べる実験方法です。金属製の細い電極を脳に刺し込み，電流を流すことで発生する熱により電極の先端周辺の組織を破壊する，電気損傷という方法があります。また，細胞に細胞死を引き起こす物質や細胞に対して毒性をもつ物質（NMDA，イボテン酸など），あるいは，特定の種類の細胞に対してのみ毒性をもつ物質（6-OHDA，サポリンなど）をガラス製や金属製の細い針で注入する，神経毒損傷という方法もあります。いったん損傷を受けた脳組織は，基本的に回復しないと考えられます。電気損傷は細胞体だけでなく損傷領域を通過する神経繊維も破壊してしまいますが，神経毒損傷は細胞体だけを破壊します。例えば，恐怖に関わる扁桃体の一部に電気損傷を施したラットと神経毒損傷を施したラットに対して，**7-1** で説明するような音に対する恐怖条件づけを行いました。その結果，電気損傷ラットは，神経毒損傷ラットに比べて，音に対する恐怖反応に低下が見られる，つまり損傷の影響が大きいことがわかりました（Koo et al., 2004）。このことは，音に対する恐怖条件づけには扁桃体の神経細胞だけではなく，扁桃体を通過する神経繊維も関与している可能性を示しています。

薬理学的操作法　　薬物を投与することで脳機能を変化させる方法は，**薬理学的操作法**とよばれます。薬物の投与方法として，大きく分けて末梢投与と脳内投与の２種類があります。末梢投与は，動物のお腹の中や皮下に薬物を注射して，基本的に全脳を含めた全身に薬物を作用させます。脳内投与は，特定の脳領域に麻酔薬やさまざまな薬物（リドカイン，ムシモールなど）を注入し，投与部位の神経活動を抑制します。これらの薬物の効果は一時的であり，投与のおよそ数時間後には機能が回復します。また，特定の受容体に作用する薬物を末梢や脳内に投与することで，その受容体が担う役割を調べることもできます。

光 遺 伝 学　　損傷法と薬理学的操作法に代表される神経活動を操作する方法は，

大きく2つの方法論的な限界があります。特定のタイミングに限定して神経細胞を操作できないことと，特定の種類の細胞だけを操作することが困難なことです。最近ではこれらの限界を克服する，**光遺伝学**（オプトジェネティクス）とよばれる技術を取り入れた研究も行われています。光遺伝学では，光に反応するタンパク質を発現させた細胞に特定の色の光を当てることにより，細胞を興奮または抑制させます。具体的には，**チャネルロドプシン**というタンパク質を発現した細胞に青色の光を当てると，その間だけその細胞を興奮させることができます。**ハロロドプシン**と橙色の光を用いると，細胞を抑制することができます。例えば，遺伝子組換えラットの脳内にウイルスを投与することで，学習に関わる**ドーパミン細胞**にチャネルロドプシンを発現させ，ラットが鼻を穴に突っ込むたびに青色の光を当てたところ，ラットは何度も何度も鼻を突っ込むようになりました（Witten et al., 2011）。つまり，光刺激によって鼻を突っ込む行動が強化されたのです。光遺伝学の登場により，脳の特定の細胞の活動を特定のタイミングで操作できるようになりました。今後この技術がさらに発展することにより，新たな発見が得られることでしょう。

図1　光遺伝学を用いた神経活動の操作

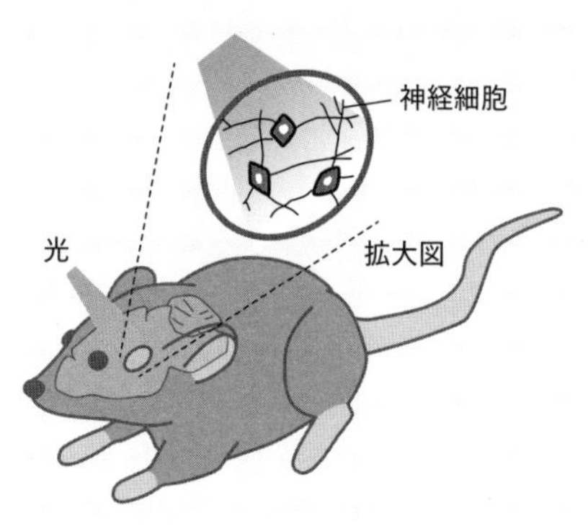

光に反応するタンパク質を発現させた神経細胞に光を当て，その神経細胞を興奮させたり，抑制させたりします。

第 5 章 参考図書・WEB 案内

鈴木光太郎（1995）.『動物は世界をどう見るか』新曜社
パーカー，S.／蟻川謙太郎監修／的場知之訳（2018）.『動物が見ている世界と進化』（大英自然史博物館シリーズ 4）エクスナレッジ
オルトリンガム，J. D.／松村澄子監修／コウモリの会翻訳グループ訳（1998）.『コウモリ――進化・生態・行動』八坂書房
海老原史樹文・吉村崇編（2012）.『時間生物学』化学同人
NTT「イリュージョンフォーラム――錯覚を体験」 https://illusion-forum.ilab.ntt.co.jp/
心理学ミュージアム「動物のこころをのぞく ―― 比較認知科学への招待」 https://psychmuseum.jp/show_room/comparison_recognition/

第 6 章

動物の学習から探る

どのように学び，忘れるのか？

6-1 物を覚えるときの頭の中は？

記憶痕跡（エングラム）

「何かを覚えるときに脳では何が起こっているの？ 覚えるってどういうこと？」皆さんも一度は疑問に思ったことがあるのではないでしょうか。皆さんが体験したことや学んだことは，私たちの脳の中でどのように残っているでしょうか？ 経験や知識を後で思い出すとき，私たちの脳はどうやって思い出すのでしょうか？

記憶痕跡（エングラム）とは？　このような問いについて，フランスの哲学者デカルト（Descartes, R.）は，一度何かを経験すると脳の中にはなんらかの構造（痕跡）が残り，思い出そうとする際には脳の中ではその構造（痕跡）が再度呼び起こされると述べました。この痕跡をドイツの生物学者ゼーモン（Seamon, R.）は**記憶痕跡**（エングラム）と名づけています。

さて，脳には本当に記憶痕跡があるのでしょうか？ あるとすればどのように痕跡が残っているのでしょうか？ ここで１つの研究を紹介しましょう。脳神経外科医のペンフィールド（Penfield, W. G.）は，てんかんという疾患の治療のため，脳の一部を切除する手術を受けている患者さんの脳のいくつかの領域を電気刺激しました。その際，彼が解釈野とよぶことにした脳の側頭葉領域の一部を電気刺激すると，患者さんが過去の出来事を再体験するフラッシュバックのような現象が見られたと報告しました。他の脳領域への電気刺激ではこのようなフラッシュバック体験は生じず，例えば運動に関与する脳領域（運動野）への電気刺激は患者さんに意志を伴わない運動を引き起こしました。この研究は，私たちが経験したこと・学習したことは脳に蓄積され痕跡として残り，その痕跡が呼び起こされたときに記憶として甦ることを示しています。

記憶痕跡と脳　では，記憶痕跡というのは脳の中でどのように痕跡として残っているのでしょうか？ 記憶痕跡の実態について語る前に，脳がどのように構成されているのかを確認しておきましょう。脳を構成する要素はいくつかありますが，本書の１章でも述べられているように，情報処理・伝達を担っているのは**神経細胞**です（図 1-2-2 参照）。神経細胞には，細胞体・樹状突起・軸索といったパーツがあり，おもに樹状突起が他の神経細胞からの情報を受け取り，

図 6-1-1　神経細胞集団における記憶痕跡の模式図

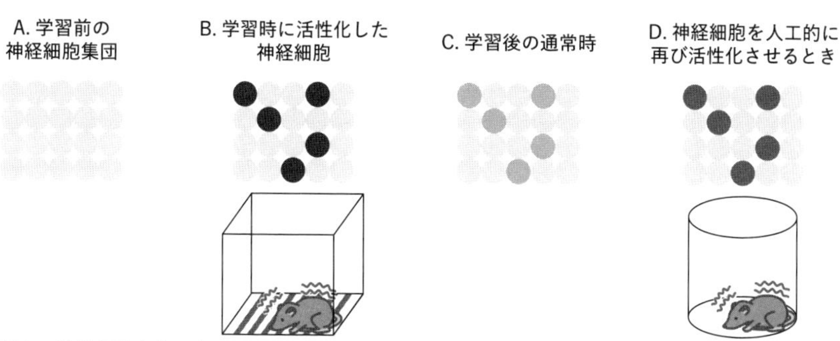

個々の神経細胞を丸で表しています。ある場所での学習（恐怖条件づけ）時に活性化された神経細胞を黒色で示しており（B），それらの神経細胞にのみ特殊なタンパク質が発現されるようなマウスが作製されています。学習から時間をおいてそのマウスを別の場所へ連れて行き，学習時に活性化された神経細胞を，その特殊なタンパク質を使って再び活性化させたところ（D），学習時と同様のすくみ行動が観察されました。

軸索が他の神経細胞に情報を伝えています。神経細胞は軸索や樹状突起を介しシナプスとよばれる微細な構造を形成しており，神経細胞同士はこのシナプスを介して複雑な神経ネットワークを形成して情報のやりとりを行っています。これまで多くの研究が行われ，さまざまなレベル（分子レベル，神経細胞レベル，神経ネットワークレベル）で記憶痕跡が生じていることがわかっています。

記憶痕跡を示した実験を 1 つ紹介します。リューら（Liu et al., 2012）の研究では，ある学習課題をさせたときに活性化（活動）した神経細胞だけに特殊なタンパク質が発現するマウスを作製しました。学習済みのマウスを別の部屋に連れていき，以前の部屋での学習課題時に活性化した神経細胞集団をその特殊なタンパク質を用いて再び活性化（再活性）させたところ，学習時に見せた行動（この実験では，マウスが恐怖を感じたときに示す，すくみ行動）を起こすことに成功しました（図 6-1-1）。これは，学習・記憶に関連した神経細胞を人工的に活性化させることでその記憶を思い出させることができた，ということを示唆しています。

このように，神経細胞の集団的な活性化が記憶を蓄えているということが，その他のさまざまな研究からも支持されています。記憶する際に脳の中に記憶痕跡として神経細胞集団の活性化の記録が残るとすれば，この活性化の記録がなくなれば記憶が思い出せなくなるのでしょうか？ この点については，**6-4**「なぜ忘れるの？」を参照してください。

6-2 なぜ道を覚えられるの？
海馬と空間学習

餌場を訪れ，なわばりを巡回し，捕食者に遭遇しやすい場所を避けながら，迷わず巣に帰り着くといった生存において不可欠な行動の多くは，目的地の場所や道筋を覚えることができなければ達成できません。さまざまな動物たちは，そして私たち人間は，どのようにして環境中の場所を空間的に認識し，そして目的地へたどり着くことを学習するのでしょうか？

トールマンと認知地図　20 世紀前半の心理学者たちは，動物の学習と行動の一般的な原理や法則を明らかにするためにさまざまな迷路を用いた実験を数多く行いました。当時の主要な考え方は，迷路学習課題において動物は特定の目印と特定の運動反応の組み合わせを次々と学習していくというものでした。最初の曲がり角を左に，次を右に，その次を左にというように，刺激－反応の連合を連鎖的に学習するというわけです。最も単純な原理で説明できる現象はそのように説明すべきであるという科学理論の原則に従って，こうした機械的な学習と行動の原理が学習理論の主要な位置を占めることになりました。

カリフォルニア大学の心理学者トールマン（Tolman, E. C.）はこうした単純な説明に満足せず，動物の行動をより大きな単位として捉え，そこに目的性，つまり「機械的な刺激－反応連合以上の何かであり，行動の表出を柔軟に動機づける過程」が存在すると主張しました。トールマンは数多くの創意に満ちた実験を考案したことで知られています。

例えば，のちに「認知地図の実験」としてよく知られるようになったある実験（Tolman et al., 1946）では，ラットはまず図 6-2-1A にあるような迷路でスタート箱からゴールへ続く 1 本の道を走る訓練を受けます。その後，テストでは迷路が図 6-2-1B のような多数の道が追加された形に変更され，ラットは選択を迫られます。もし動物が特定の刺激－反応連合を学習していたのであれば，このテストでラットはこれまで通り直進し行き止まりに突き当たるはずです。しかし，はじめての選択場面であるにもかかわらず，このテストにおいて多くのラットはゴールの方角に最も近い道を選んだのです。つまりラットが最初の段階で学習していたのは特定の刺激と反応の結びつきではなく，ゴールの「場

図 6-2-1　トールマンが行った「認知地図」実験のデザイン

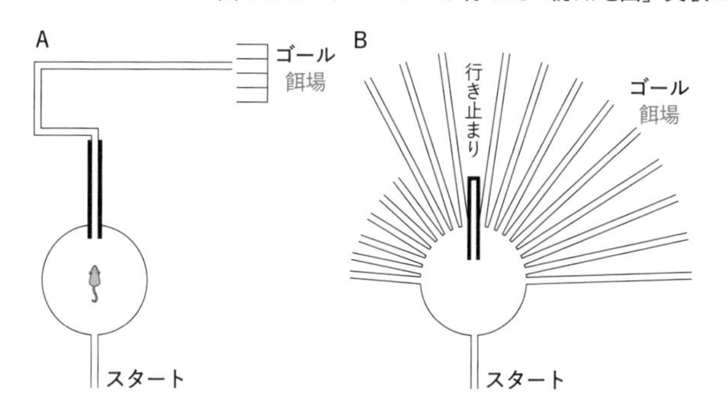

ラットはAの迷路で訓練を受けた後，Bに置き換わった迷路でテストされる。
（出所）Tolman, 1948 より作成。

所」であったということを示しています。こうした一連の実験から，トールマンは動物がある空間の全体を地図のような形で内的に表象しており，現在の目的，例えばその空間内の特定の場所に移動することに応じて，柔軟にそこに至る行動を表出させると結論づけました。その際に用いられる内的な地図表象のことを，トールマンは**認知地図**と名づけました（Tolman, 1948）。

海馬と認知地図　仮に動物が認知地図を用いるとすれば，脳のなかでこの地図はどのようにして表現されているのでしょうか？ ロンドン大学のオキーフら（O'Keefe & Dostrovsky, 1971）は，ラットの**海馬**から神経細胞活動を記録するなかで，その個体が特定の場所にいるときにのみ選択的に活動する細胞が存在することを発見しました。ある細胞はラットが実験箱の中で餌受けの前にいるときにのみ活動し，別の細胞は動物が特定の角にいるときにだけ活動するというように，個々の細胞がその空間内の特定の場所を符号化していることを発見したのです。このように場所特異的に活動する細胞を，オキーフらは**場所細胞**と名づけました。空間内の特定の場所を受け持つ細胞が海馬内に多数存在するということは，すなわちこれらをつなぎ合わせると認知地図が海馬内にできあがることを意味します。オキーフはこの大きな発見によって 2014 年にノーベル賞を受賞することになりましたが，その研究成果をまとめた『認知地図としての海馬』（O'Keefe & Nadel, 1978）という本の見開きには，「トールマンに捧ぐ」という一文が添えられています。

その後の研究で，海馬と空間学習の関係はさまざまな形で確認されてきました。例えば海馬を外科的に損傷されたラットは迷路課題の学習成績が著しく低下します（Morris et al., 1982）。貯食をする習性のあるトリでは海馬の体積が大きく（Krebs et al., 1989），またヒトでも日々柔軟な空間移動を求められるタクシー運転手では海馬の一部で体積増加が見られるという報告もあります（Maguire et al., 2000）。さらに，海馬が空間を１つの場として表象する機能は，私たちの認知や行動を調整する**文脈に関する学習**（Nadel, 2008）や，出来事・場所・時間の統合的記憶である**エピソード記憶**（Eichenbaum, 2017）にも関与します。また，空間を統合的に表象するということは，物理的に目の前に存在しない複数の刺激も互いに関連づけて保持できることを意味します。こうした特徴は，時間的に離れた出来事を一続きのものとして記憶する能力にも関わっていると考えられます（Eichenbaum, 2014）。海馬による空間表象のメカニズムは，より抽象的な認知・学習能力にも密接に関わっているようです。
「地図」を使わない空間学習　一方で，私たちは必ずしも常に明確な地図表象を用いて空間内を移動するわけではありません。例えば通学・通勤の際に自分の空間位置や目的地の方角を意識する人はあまりいないでしょう。同じ空間を何度も移動するなかで決まった道をたどることが安定して望ましい結果をもたらす場合には，特定の目印とからだの反応を結びつける形で**習慣的**に目的地にたどり着くようになるのです。いわば認知コストを節約した自動航行モードです。これまでの研究から，訓練量に依存してこの種の航行方略が優勢になること，海馬ではなく**背側線条体**とよばれる脳領域がこの種の学習を支えていること（Packard & McGaugh, 1996）などがわかってきました。結局のところ，トールマンと彼が激しく対立した初期の心理学者は，どちらも正しかったのです。

ほかにも，移動した距離と方角のベクトル（あるいはその加算）から現在位置を推定する「推測航法」とよばれる方法（GPS発明以前の航海者が用いた方法）や，特定の目印（ランドマーク）からゴールまでの距離と方角のベクトルを学習する方法，目的地の視覚的パターンを記憶しておき，現在の視覚入力がそれに一致するよう移動することで目的地にたどり着く方法など，動物たちは多様な方法を柔軟に使い分けて空間学習を実現していることがわかってきました（Healy, 1998）。空間を認識し適切に移動するという，生存にとって根本的な課題を達成するために，進化を通じて多くの方法が編み出され，それらが多くの動物のなかに保存されているといえるでしょう。

6-3 眠ると記憶が良くなる!?

睡眠と記憶

「どうしたら記憶が良くなりますか？」試験直前になって学生さんによく聞かれる質問です。では，「記憶が良くなる」とはどんなことでしょう？ 試験のためと考えると，①記憶容量が大きくなる（たくさん覚えられる），②一度に記憶できる量が増える（速く覚えられる），③記憶維持時間が長くなる（長く覚えていられる），④簡単に記憶にアクセスできる（すぐに思い出せる）でしょうか？

寝ないで覚えようとする人もいるでしょうが，寝不足も記憶に悪影響を与えそうです。眠ることは記憶にどんな影響を与えるのでしょうか。①と②は覚えるとき，③と④は覚えた後に実感できる能力になります。一番簡単な研究方法は「眠らせない」実験です（断眠実験）。例えばラットを使った実験では，飼育しているケージの床に浅く水を張っておくことで，熟睡できないようにすると，その後の学習実験の成績が悪くなります（Youngblood et al., 1997）。これは覚えるときに断眠が影響を与えているといえるでしょう。

ここで研究上の注意点をまとめておきましょう。断眠実験の難しいところは，本当に「眠らなかった」ためなのか，断眠によるストレスのためなのかがわかりにくい点です。ちなみに，動物の睡眠パターンはさまざまで，必ずしもヒトのように長時間連続して眠るのではありません。例えばよく実験に使われるラットは，夜行性ですが，昼間の睡眠パターンを見ると，短い睡眠を何度もとります（Lo et al., 2004 の例では半日に 50〜60 回）。多くの鳥類と哺乳類の睡眠には，ヒトと同様にノンレム睡眠とレム睡眠がセットになって存在します。レム睡眠とは素早い眼球運動が見られる比較的浅い眠り（鳥類では必ずしも眼球運動は見られないようですが），ノンレム睡眠はより深い眠りです（菅野・田谷，2003）。研究上の「断眠」とは，ノンレム睡眠の妨害を意味します。

記憶の固定化　では，③と④について考えてみましょう。記憶にはいくつか種類があって，保持時間が長いものを長期記憶とよびます。一時期的に覚えておく短期記憶に比べて，覚えたことを想起することも容易になります。一夜漬けで覚えても，維持できない，検索しにくいでは困ります。この長期記憶ができあがる際には脳内の神経細胞のネットワークが構造的に変わります。このプロセスを記憶の固定化とよびます（最近の研究については，例えばTakahara-Nishiuchi, 2021）。「固定化」が「一度覚えたことを翌日にも覚えていてよく思い出せる」という現象を実現しているわけです。

固定化についての研究の一例として，ヒヨコの刻印づけ学習に関するものがあります。刻印づけとは，孵化したばかりのヒヨコが，身の回りの目立つもの（普通は親のニワトリ）の特徴を覚えて追跡行動をするという現象です。ただ，覚えられるのは孵化後数日間に出会った対象のみです。また一度覚えると長期間覚えていて，ヒヨコ時代は刻印づけの対象以外には近寄りません。実験室では人工的な動く物体を使ってこの現象を再現することができます（Suge & McCabe, 2004 ; McCabe, 2021）。

「一度覚えると長期間覚えている」という特徴でもわかるように，刻印づけの現象では記憶の固定化のプロセスを見ることができます。最初に人工物を見せた後しばらくの間は，他の物体を見せても追従行動を見せることがありますが，24時間後の翌朝には最初に見せた物体への強い偏好（対象の物体と未知の物体を見せて，それぞれへの走行距離を相対化することで測定します）が観察されます。つまり固定化が起こったわけです。ここでは，一晩眠らせた「翌朝」ということがポイントになります。つまり，強い偏好（記憶）の形成に，眠ることが影響しているのでしょうか？

覚えてから決まった時間によく眠ることが大切　ジャクソンら（Jackson et al., 2008）は，ヒヨコが寝るのを邪魔してみることにしました。実験箱の中では，ヒヨコは走行距離を測るために，輪回し装置（センサーで4分の1回転ごとにヒヨコの動きを数えます）に入れられています。この装置にモーターを付けて，約30分に1回1分間回転させて，眠っているヒヨコを起こします。ヒヨコは細切れに眠れているが熟睡できないという状況です。

これまでの研究から，ヒヨコに対象物を見せてからだいたい5～17時間後に固定化に関係する変化が起きていると予測されていました。そこでその時間帯の睡眠のうち，前半の6時間を妨害される群と後半の6時間を妨害される群を比較してみました（眠りの妨害によって引き起こされるストレスの総量は同じ：図6-3-1）。妨害されない時間帯はぐっすり眠ることができます。結果では，後半に妨害を受けたヒヨコは影響を受けませんでしたが，前半に妨害を受けた

図 6-3-1　記憶の固定化と睡眠の実験

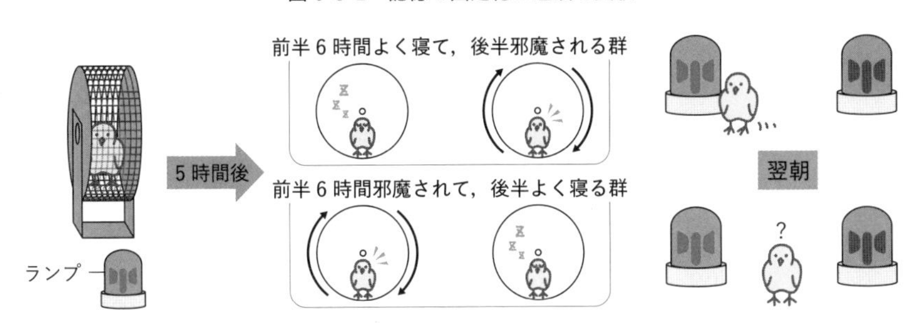

ヒヨコの偏好はなくなっていました。このことから，記憶した後の特定の時間帯に深く眠ることが固定化のために必要だということがわかりました。

睡眠はどのように記憶に作用しているのだろうか？　「睡眠がどのように記憶に作用するか」について，2 つの代表的な仮説があります。記憶するときに活性化していた脳内の**神経活動の再活性**が睡眠中に起こる（**神経活動のリプレイ**）という説と，睡眠中に記憶に特化したプロセスが起きているわけではなく，神経細胞の特性として睡眠時に活動が抑制されるはたらきがあり，それがたまたま記憶のメカニズムに関与しているという説です（宮本・ヘンシュ，2020）。

ここでは，睡眠中の神経活動の再活性の仮説について考えてみましょう。空間学習に関連するラットの**海馬**の場所細胞では，ノンレム睡眠中（特に最も深い眠りである**徐波睡眠**中）に神経活動の再活性が起こることが示されています（Pavlides & Winson, 1989；Wilson & McNaughton, 1994）。また，歌学習をするキンカチョウという鳥では，歌の音の順番をコントロールしている脳部位で，歌っている間に活性化する神経細胞が，ノンレム睡眠中にもよく似たパターンで活動していることが報告されています（Dave & Margoliash, 2000）。

レム睡眠時にも海馬での再活性が観察されていますが，これを光遺伝学（**コラム⑦**を参照）の技術で選択的に抑制することで記憶が弱まる（Boyce et al., 2016 ; Kumar et al., 2020）ことが明らかにされており，これらの「リプレイ」が記憶の固定化に関連すると考えられているのです。

このように，「記憶を良くする」には勉強の前後にしっかりと眠ることが重要なようです。試験直前には思い切って眠るという戦略はいかがでしょうか？

6-4 なぜ忘れるの？

忘却と消去のメカニズム

記憶の忘却　忘却とは，一度記憶したことを思い出せないこと，すなわち，忘れてしまうことです。試験の前日に覚えた英単語をテストでは思い出せなかった，という経験は誰にでもあると思います。どうして覚えたことを忘れてしまうのでしょうか？ 忘却の原因についてはいくつかの理由（仮説）が考えられています。まず，時間の経過とともに覚えたことが劣化・減退していくという崩壊説があります。次に，時間とともに覚えるべきことが増えて，それらが混乱することで思い出せなくなるというのが干渉説です。さらに，顔は覚えていても名前は思い出せないような検索失敗説もあります。

人はたくさんのことを覚えている一方で，覚えたたくさんのことを忘れてしまいます。年齢を重ねると“もの忘れ”が多くなってきますが，日常生活に支障をきたすような短時間での頻繁な忘却は，認知症の主症状の１つである“記憶障害”といえます。ヒトを含む動物を対象とした記憶や忘却を調べる行動テストは，記憶や忘却の脳内の仕組みを明らかにする研究などで使われ，ヒトの記憶障害の治療や予防に貢献しています。

動物で記憶や忘却を調べる方法　動物の記憶や忘却を調べる行動テストにはどのようなものがあるでしょうか。ラットやマウスなどのネズミの仲間は，初めて見る新奇な物体に対して鼻で匂いをかぐといった探索行動を示します。最初に行う見本試行ではマウスに物体Ａ（三角錐）のみを提示して，数分間探索させます。その後に行うテスト試行では，新奇な物体Ｂ（円柱）と既知の物体Ａとを同時に提示して，数分間自由に探索させると，マウスは新奇な物体Ｂを長く探索します（既知の物体Ａは探索量が減少します）。見本試行とテスト試行の間隔を，30分間，１日間，２日間，３日間と長くしていき，既知物体への記憶が維持されているかを調べました。その結果，見本試行とテスト試行の間隔が２日間以内だと新奇物体を長く探索しますが，間隔が３日以上になると２つの物体への探索量の違いは見られなくなります。このことから，「マウスは既知物体への探索経験を３日後に忘却した」といえます（池谷，2017）。興味深いことに，探索させる対象を物体ではなくマウスにして，同じ方法で出会っ

図 6-4-1　マウスによる記憶・忘却を調べる行動テスト

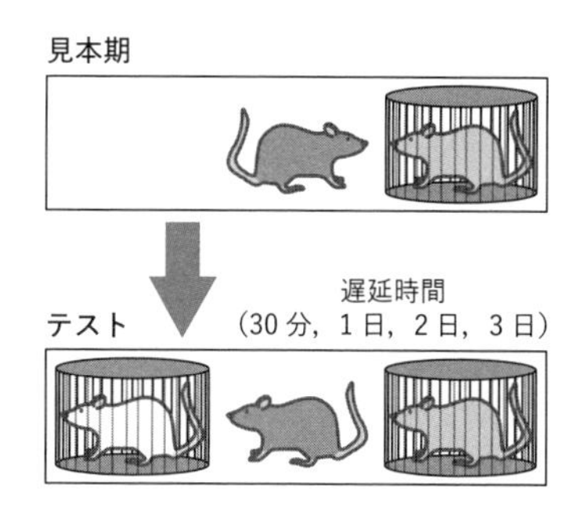

（出所）Macbeth et al., 2009 を改変。

図 6-4-2　ハトによる志向性忘却の実験スケジュール

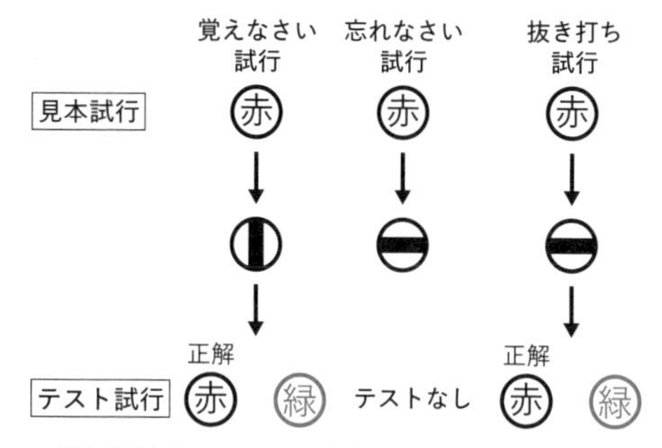

（注）抜き打ちテストでは正答率が下がりました。
（出所）実森・中島，2019 を改変。

たマウスへの記憶を調べた実験で（図 6-4-1），7 日間ほど記憶が持続していることがわかっています（Lin et al., 2018）。

志向的忘却　ヒトは，必要な情報は繰り返し覚えるなどしてつとめて忘れないようにしますが，不必要な情報は覚えようとしません。動物においても不必要な情報を志向的に忘却する（積極的に無視する）ことが示されています。ハトを対象にして，実験箱の中で照明された丸形の色図形をつつくと餌が得られるという状況で，研究は行われました（図 6-4-2）。見本試行では赤か緑のどちらかの色が提示され，その後のテスト試行では赤色と緑色の 2 つが同時に提示されます。このときハトが見本と同じ色をつつけば，正解で餌を得ることができます。このような見本試行で見たのと同じ色（見本が赤であれば赤，緑であれば緑）を選べば正解となる課題を**見本合わせ課題**といいます。この訓練が進んだ後に，見本試行とテスト試行の間にもう 1 つ図形を挿入しました。図 6-4-2 にあるように，見本試行の後に縦線が提示されたら，今まで通りのテスト試行が行われ，正解（この場合は赤を選択）すると餌を得ることができます。ところが，横線が提示された後にはテスト試行は行われません。つまり，縦線が提示されたときには見本の色を覚えておく必要があるのですが，横線が提示されたらその必要はないのです。このような手続きを繰り返すなかで，横線が提示された後に，抜き打ちでテスト試行を行ってみました。すると，すでに十分に訓練されていたにもかかわらず，ハトは正解の赤を選ぶことができなくなることがわかりました。つまり，ハトは横線が提示されたときには見本試行の色を覚える必要のない色として積極的に忘却していたのです（実森・中島，2019）。

消去の学習　英単語などの覚えておきたいことはすぐに忘れてしまう一方で，自分が経験した失敗や事故などの嫌な出来事は，なかなか忘れることができません。強い恐怖体験は，不安障害やストレス障害の原因となる場合があります。例えば，電車の中でお腹が痛くなったという経験をすると，電車に乗ることが怖くなります。これは恐怖条件づけという学習が成立するためです。

動物を用いた恐怖条件づけの実験では，マウスを小箱に入れて，1～2分後に床から電撃ショックを与えます。翌日，そのマウスを再び小箱の中に入れると，マウスはからだを固くするような“すくみ反応”を示し，その恐怖反応は何日間も維持されます（図7-1-1参照）。しかし，小箱に入れられても電撃を受けないことを何度も経験すると，しだいにマウスのすくみ反応は減少していき，ほとんど見られなくなります。これを消去学習とよんでいます。ただし「電撃を受けた小箱が怖い」という恐怖学習は1回の経験でも習得されるのに対して，「小箱は電撃がこない安全な場所になった」という消去学習を習得するには多くの経験が必要です。もし，動物実験によって恐怖の消去学習を短期間で習得する方法が見つかれば，ヒトの不安障害やストレス障害の治療にも応用することができるでしょう。

最近の研究において，動物の脳内に光を照射して脳部位の活動を操作する技術（光遺伝学：**コラム⑦**参照）を用いて，「恐怖記憶を楽しい記憶に置き換えることができる」という知見が得られています（Redondo et al., 2014）。電撃を受けた怖い小箱に入れられると海馬という脳部位の活動が高まりますが，異性のマウスと過ごした楽しい小箱に入れられると扁桃体という脳部位の活動が高まります。電撃を受けた部屋にマウスを入れたときに，楽しい記憶と関連する扁桃体に光を照射してその細胞群の活動を高めると，その後，マウスは怖い箱に入れられても恐怖反応を示さなくなりました。このように脳活動を操作することによって，ヒトにおいても恐怖記憶を容易に消去できるようになる日がくるかもしれません（**7-1**も参照）。

コラム⑧　行動薬理

行動薬理とは？　「動物心理学入門」という，心理学の本を読んでいるはずの皆さんは，「**行動薬理**」というテーマを見て「なんで薬理学？」と思われたことでしょう。言葉としては「行動薬理学」のほうが有名なのですが，「薬理心理学」という言葉もあって，ほとんど同じような研究をしています。つまり「こころ」の問題を「薬」を使って研究しようとする学問のことなのです。薬（くすり）は一般に病気やケガを治すものとして考えられていますが，広義では人間を含めて生体に何らかの影響を及ぼす化学物質全般を指します。そうした薬のなかには「こころ」に影響を及ぼすものが多数存在しています。例えば，覚醒剤や麻薬，大麻，そして酒やタバコなどです。「酒やタバコもそうなの？」と思われた方もいるかもしれませんが，「こころ」に影響を及ぼすという定義を考えると，酒やタバコもまさにそうした薬に違いありません。「行動薬理」はそうした薬が「こころ」のあらわれだと考えられる「行動」にどのような影響を与えるのかということを研究する学問なのです。「こころ」にはたらく薬についてのことなので「**精神薬理**」という言葉もほぼ同義につかわれますが，「行動薬理」は「こころ」をより明確に「行動」を通して見るという点が特徴です。

行動薬理のはじまり　行動薬理のはじまりは，1950 年代のクロルプロマジンという薬の発明と切り離すことができません。この薬は抗ヒスタミン薬（アレルギーなどを抑えることに用いられる薬）と制吐薬（吐き気を抑える薬）として販売されましたが強力な鎮静作用をもつことがわかり，攻撃的になった統合失調症症状や躁状態の患者を穏やかにさせる効果があることが認められました。こうして，統合失調症の薬物療法が始まることになるのです。この薬をラットなどに投与してその行動変化を見た研究が行動薬理のルーツの 1 つになっています。その際に用いられた実験装置は，それまで動物実験を重ねてきた心理学者たちが考案したものでした。回避学習装置（音が鳴るとその数秒後に電気ショックがくるけれど，音に気がついてほかの場所に逃げれば電気ショックを避けられる装置）やスキナーボックス（レバーを押すと餌がもらえたり，電気ショックを避けることができるように作られた装置）などがそうです。クロルプロマジンは電気ショックから直接逃げる行動は抑制することがなかったのに，電気ショックを予告する音が鳴ったとき，電気ショックを避けようとする行動を抑制し，それが鎮静作用のあらわれだと考えられたのです。

認知症薬の研究　2022 年の春，日本の製薬メーカーが，認知症の原因となる病気の1つであるアルツハイマー病治療薬としてのレカネマブの臨床試験に成功したと発表したことが大きな話題になりました。実はこの会社，その20年前にもアリセプトという薬を世に出してアルツハイマー病治療薬のパイオニアとなった会社なのです。その際，動物実験でこの薬の有効性を明らかにしたという点で，行動薬理が大きく貢献しました。記憶にはアセチルコリンという神経伝達物質が重要であることが知られていますが，このアセチルコリンの神経伝達を阻害し，記憶を悪くする薬を動物に投与すると迷路学習課題などの成績が悪くなります。アリセプトを投与すると，投与量に応じてその記憶障害を軽減することができるという実験でした。こうした行動薬理の実験が多くの製薬メーカーで盛んに行われたのは1980〜90年代ですが，それからしばらくして臨床試験まで通過した薬が病院で処方される薬となって登場したのです。

薬物依存の研究　薬物依存の研究は行動薬理の研究のなかでも重要なものの1つです。覚醒剤や麻薬，大麻，アルコールなど現在でもその依存や治療，予防に関する研究が多く存在します。その際に用いられる自己投与法も行動薬理が発明した重要な研究法です（自己投与法については**7-2**を参照）。これによって動物がその薬物をどれだけ欲しいのか，どれだけの労力をもってその薬物を欲するのかがわかるようになりました。筆者自身もサルにタッチパネルを触らせることでコカインを自己投与させる実験をしたことがありますが，すごい勢いでサルがタッチパネルを触り，また摂取しすぎて口から泡を吹くのを見て，コカインという薬の恐ろしさを感じたものでした。

興味をもった方は，ほかにどんな研究があるのか，ぜひ調べてみてください。

第 6 章 参考図書・WEB 案内

ペンフィールド，W.／塚田裕三・山河宏（訳（2011）．『脳と心の神秘』法政大学出版局
デカルト，R.／井上庄七・森啓・野田又夫訳／神野慧一郎解説（2002）．『省察 情念論』中央公論新社
ゼーモン，R.・ゴールトン，F.・シャクター，D. L.／高橋雅延・厳島行雄監修（2020）．『無意識と記憶――ゼーモン／ゴールトン／シャクター』岩波書店
井ノ口馨（2013）．『記憶をコントロールする――分子脳科学の挑戦』（岩波科学ライブラリー208）岩波書店
ルイス，P.／西田美緒子訳（2015）．『眠っているとき，脳では凄いことが起きている――眠りと夢と記憶の秘密』インターシフト
櫻井武（2017）．『睡眠の科学――なぜ眠るのか なぜ目覚めるのか』改訂新版，講談社
井ノ口馨（2015）．『記憶をあやつる』角川学芸出版
メイザー，J. E.／磯博行・坂上貴之・川合伸幸訳（2008）．『メイザーの学習と行動：日本語版』第 3 版，二瓶社

第7章

動物のこころの不調から探る

なぜ悩み，病むのか？

7-1 トラウマってどうやってできるの？

恐怖の記憶・学習

私たちは毎日いろいろなことを経験しますが，そのほとんどはきれいさっぱり忘れてしまいます。例えば，去年1年間で経験したことをどの程度思い出せるでしょうか。おそらく記憶としてよみがえってくるのは，あなたが経験したことのほんの一部分だけだと思います。このような記憶のもろさを目の当たりにするたび，次のようなことを思ったりしませんか。「一度覚えたらずっと忘れないようになればいいのになぁ」と。そうすれば大切な思い出の細部を忘れずにこころのなかにずっと残しておくことができるでしょう（記憶に関しては6章参照）。しかし仮に経験した物事が頭からずっと消えないとしましょう。それは果たして良いことなのでしょうか？ 例えば，虐待や強姦，大きな自然災害などの，生命を脅かす深刻な出来事に遭遇したような場合を考えてみてください。その恐怖の経験はこころの傷すなわち**心的トラウマ**として脳に深く記憶されます。最悪の場合，その記憶は決して消えずに自分の意思にかかわらず何度も思い出されるようになったり，それによって不安や緊張状態を経験したりするようになります。実際に少なくない数の人がそのような**心的外傷後ストレス障害（PTSD）**に悩まされています。

トラウマ記憶はなぜ強固に作られるのか？　それでは毎日経験する何気ない出来事のような簡単に忘れてしまう記憶と，なかなか忘れられない**トラウマ記憶**との違いは何なのでしょうか？ 1つの大きな違いは，強い**情動**（emotion）が関与しているかどうか，という点です。情動とは，心理学や神経科学などの分野でつかわれる用語で，短期的に生じる強い感情的反応を指します。情動が記憶を強くする。この主張は，皆さんの直観にも合うのではないでしょうか。例えば，上で述べたような強い恐怖を感じたとき，ショックを受けたとき，ものすごく嬉しかったときを思い出してみてください。そういった情動を伴った出来事は，そうでない出来事よりも皆さんの頭に強く刻まれて残っているはずです。特に恐怖のような負の情動が関与する記憶は，忘れたくても忘れられない，やっかいなものになっているでしょう。そうした記憶の増強が起こる一因は，負の情動を引き起こす体験が体内にストレスホルモンを放出させ，それが脳に作用して記憶の形成過程に影響を与えるためだと考えられています（McGaugh, 2003)。そうした発見の多くは，マウスなどの実験動物を用いた研究によって明らかにされてきました。

トラウマ記憶は古典的条件づけを用いて調べられる　ではどのようにしてトラウマ記憶を研究するのでしょうか。多くの研究が，実験動物を用いた**古典的条件づけ**もしくは**パヴロフ型条件づけ**とよばれる手法を用いてきました。今ここに１匹のネズミがいるとしてください（図 7-1-1)。このネズミに「ピー」という単純な電子音を聞かせます。はじめこの音に対してネズミは特に目立った反応を示しません。次にこの電子音の直後に電気ショックを与えます。ネズミは電気ショックに驚いて跳ね上がり，そこから逃げようと走り回ります。この電子音と電気ショックの組み合わせを何度か経験すると，ネズミは電子音が電気ショックを知らせる「危険信号」であることを**学習**します。すなわちその学習の後，たとえ電気ショックがなかったとしてもネズミは電子音を聞いただけでビクッと反応し，その場でじっとしてからだをプルプルと震え上がらせます。

電気ショックなどの嫌悪刺激を使用するこの古典的条件づけを特に**恐怖条件づけ**とよびます。恐怖条件づけの記憶は非常に強力で，何十日経っても消えません。また，ネズミが獲得するのは電子音に対する恐怖反応だけではありません。電気ショックを経験した部屋に対しても恐怖反応を示すようになります。すなわち，部屋に入るだけで，震え上がり，血圧上昇，心拍数の増大，ストレスホルモンの放出などの反応を示します。恐怖体験をした環境やそれに関連する音などの手がかりが引き金となって過去の記憶がよみがえるのです。このような反応は人間の場合でも見られるものです。

恐怖条件づけの記憶と脳　この恐怖条件づけの記憶は，脳でどのように作られるのでしょうか？ これまでの数多くの研究によって，**扁桃体**とよばれる，

図 7-1-1　恐怖条件づけ

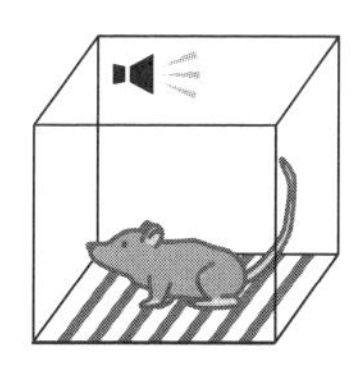

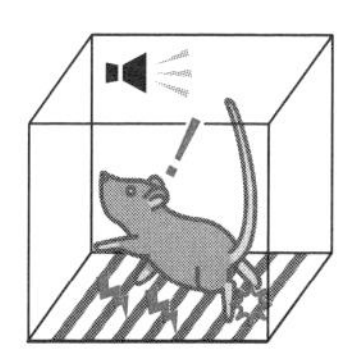

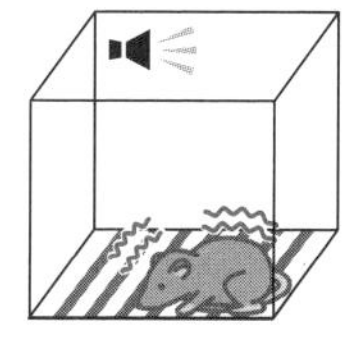

はじめネズミは音に対して目立った反応を示しません（左)。しかし，音の直後に電気ショックを受ける経験（真ん中）をすると，音に対して恐怖反応を示すようになります（右)。

側頭葉の内側に存在する脳領域が非常に重要な役割を果たすことがわかっています（図 7-1-2）。扁桃体は音や景色，電気ショックなどの感覚情報を統合し，震え上がるといったような恐怖反応を引き起こすように信号を伝達します。実際に，この脳領域を損傷したラットやマウスなどのネズミ，サル，ヒトでは恐怖反応の学習が阻害されます。扁桃体は**基底外側核**や**中心核**などの複数の神経核から構成されており，それぞれの核には特有の役割があると考えられています。例えば，基底外側核には恐怖反応を司る神経細胞群と，報酬などの快情報を扱う神経細胞群の両方が存在しており，互いが互いの活動を抑制し合っていることが最新の研究によって明らかとなっています（Kim et al., 2016）。このことから，基底外側核は快感情と不快感情の適切な切り替えに重要な役割を果たしているのではないかと考えられています。

では，一度脳内に形成された恐怖条件づけの記憶を消すことは可能でしょうか？ 遺伝子工学を応用した最先端の研究では，恐怖記憶の形成に関わった扁桃体内の特定の神経細胞集団だけを壊し，マウスの恐怖記憶を消すことに成功しています（Han et al., 2009）。また「光遺伝学」を用いた研究では，快情報を扱う扁桃体の神経細胞集団の活動を人工的に上昇させることで，恐怖記憶の消去を促進させています（Zhang et al., 2020）。このように昨今のテクノロジーは，脳内の記憶を直接操作できるレベルにまで進化しはじめています（**6-4**，**コラム⑦**参照）。しかし，それらの方法は脳に直接ダメージを与えてしまうため，人間には使用できません。仮にできたとしても，その処置を受けた人間の人格や感情，記憶全体にどのような影響があるのかも未知です。今後の課題は，動物実験によって得られた知見をどのようにして人間に適用していくかという，テクノロジー上かつ倫理上の障壁を克服する点にあるといえるでしょう。

図 7-1-2　マウスとヒトの扁桃体

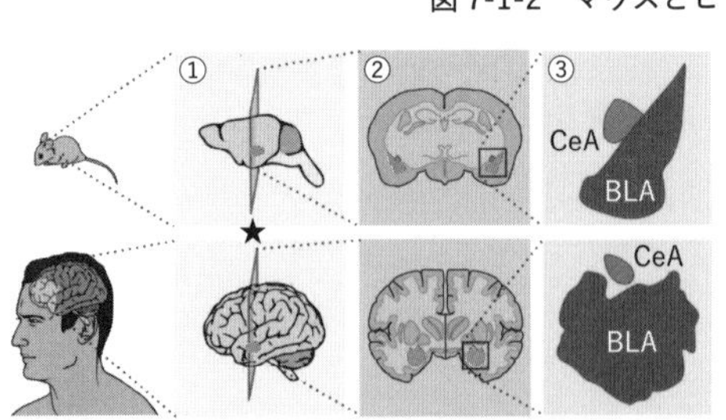

①脳の全体図
②脳を①の★の位置で切って前から見た図。色のついた部分が扁桃体。
③ BLA は基底外側核，CeA は中心核とよばれる核を指します。

（出所）Janak & Tye, 2015 を改変。

7-2 なぜ依存するの？

薬物依存のメカニズム

精神疾患としての薬物依存　私たちの認知や情動に影響を与える薬物を精神作用薬とよびます（表 7-2-1）。これらの薬物を繰り返し使用すると，その薬物を求める欲求が抑えがたくなり，それを追い求める行動が人生における他の活動よりも優先されるようになります。これが薬物依存とよばれる状態で，精神作用薬が脳の構造や機能を変化させた結果として起きるこころと行動の障害（精神疾患）です。では，薬物依存はなぜ起きるのでしょうか。

身体依存と精神依存　脳の重要な役割の1つは，環境の変化に対して，身体の内部状態の平衡を保つことです。精神作用薬はこの平衡状態を崩してしまうので，脳は薬物の作用が最小になるように脳自身と身体をコントロールして，平衡の回復をはかります（図 7-2-1）。このようにして薬物の作用が弱まることを，耐性の形成とよびます。耐性が作られると，同じ量の薬物を摂取したときの効果が小さくなり，その埋合せとして薬物使用量は増加してしまいます。

モルヒネやバルビツール酸系の薬物などは，耐性が作られた状態で使用を中止すると，脳が保っていた平衡を再び崩し，抑うつ気分や倦怠感，痛み，吐き

表 7-2-1　代表的な精神作用薬

	覚せい剤・麻薬（法律で使用や所持が禁止）	医薬品（本来の目的や定められた用量での使用は合法）	嗜好品	長期使用によって生じる問題例
中枢興奮薬	メタンフェタミン★ アンフェタミン★ コカイン★	メチルフェニデート	カフェイン ニコチン	認知症のような状態，幻聴や被害妄想など
中枢抑制薬	ヘロイン●★ シンナー	モルヒネなどのオピオイド●★（鎮痛薬） バルビツール酸系薬物●★（睡眠薬，てんかん薬） ベンゾジアゼピン系薬物（抗不安薬，睡眠薬）	アルコール●	全身の激痛，悪寒，下痢などの離脱症状
幻覚薬	LSD MDMA 大麻（マリファナ）★			幻覚，幻聴，精神錯乱，睡眠障害，何事にも無関心・無気力な状態など

（注）●強い身体依存を形成する薬物／★強い精神依存を形成する薬物。

図 7-2-1　身体依存および精神依存の形成と維持のメカニズム

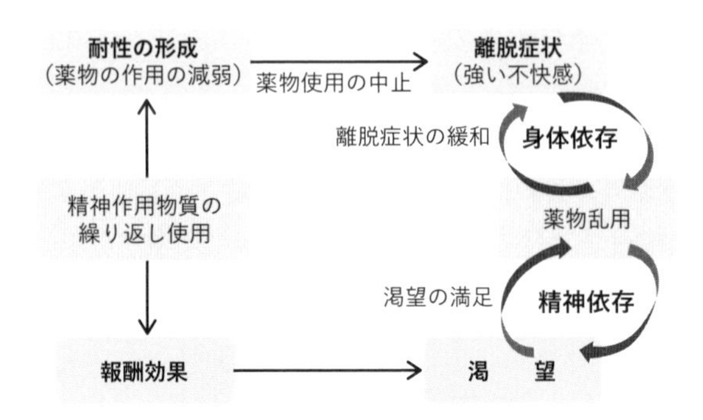

気などの強い不快感からなる**離脱症状**を生じさせます。離脱症状は，その薬物を再び摂取すると和らぐため，離脱症状の緩和のために薬物乱用に走る，という悪循環が生まれます。このような悪循環によって支えられている依存を**身体依存**とよびます。

身体依存とともに問題となるのが**精神依存**です。覚せい剤やコカインなど，使用すると強い快感を生み出す薬物の作用を**報酬効果**とよびます。このような薬物を繰り返し使用すると報酬効果を求める抑えがたい渇望が強まり，この渇望の満足のために薬物乱用に走る，という悪循環が生まれます。精神依存は，このような悪循環によって支えられている依存です。

薬物自己投与と精神依存　精神依存についての動物実験研究では，薬物の報酬としての効果を調べるために**薬物自己投与**という方法を用います。例えば，レバーを押せば薬物が静脈内に注入されるという実験状況にラットを置き，どの程度自発的にレバーを押して薬物を摂取するかを調べます。これまでの研究から，ラットやサルは，ヒトが乱用するほとんどの薬物を自己投与することがわかっています（図 7-2-2）。

しかし，動物がある薬物を自己投与したという実験結果を，この動物がこの薬物に対する精神依存に陥っている，と単純に解釈することには問題があります。ボルドー大学のピアッザら（Deroche-Gamonet et al., 2004）は，コカインの自己投与を訓練されたラットが，通常であればレバー押しをやめたくなるような条件（図 7-2-2 の①～③）でもなおコカインを得るためにレバー押しを続

図 7-2-2　ラットの薬物自己投与を利用した精神依存の研究

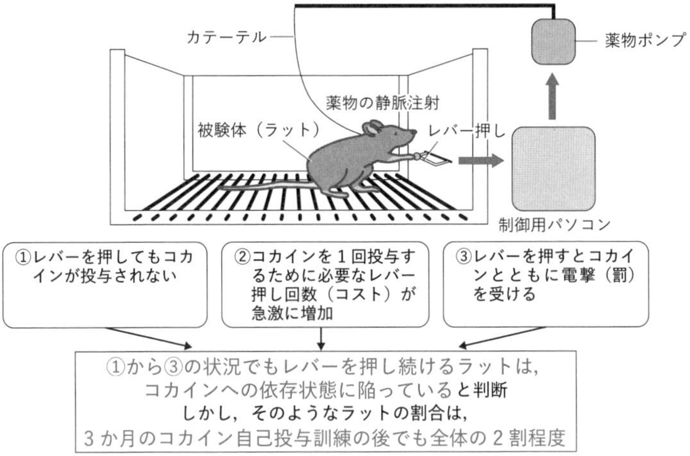

カテーテル
薬物ポンプ
薬物の静脈注射
被験体（ラット）
レバー押し
制御用パソコン

①レバーを押してもコカインが投与されない

②コカインを１回投与するために必要なレバー押し回数（コスト）が急激に増加

③レバーを押すとコカインとともに電撃（罰）を受ける

①から③の状況でもレバーを押し続けるラットは，コカインへの依存状態に陥っていると判断
しかし，そのようなラットの割合は，
３か月のコカイン自己投与訓練の後でも全体の２割程度

けるならば，コカインに対する精神依存に陥っていると判断しようと考えました。

その結果は以下のようなものでした。コカイン自己投与を１カ月訓練されたラットは，①〜③のすべての条件下でレバー押しをやめました。訓練を３カ月まで延長したところ，全体の２割弱のラットが①〜③のすべての条件でレバー押しを続けるようになりましたが，約４割のラットは，すべての条件でレバー押しをやめました。この実験結果は，薬物依存といえる行動は，依存に陥りやすい特性（**脆弱性**とよばれ，遺伝的に決まると考えられています）をもつ個体が長期間自己投与したときに出現することを示しています。これはヒトにも当てはまり，コカインを使用したことがある者のうちコカイン依存に発展する割合は15% 程度と見積もられています。

では，単なる薬物使用が精神依存に移行するとき，脳のなかでは何が起きているのでしょうか。最も注目されているのは，報酬効果に関与する**ドーパミン神経系**のはたらきの異常です。ドーパミン神経系の脆弱性の原因を探り，精神依存の治療薬や治療法を開発するための研究が進められています。

7-3 ストレスとうまく付き合うには？

ストレスのメカニズム

ストレスを知ろう　赤信号が多くて遅刻ぎりぎりだったし，小言も言われたし今日はストレスの多い 1 日だった，などは耳慣れた表現かもしれません。「ストレス」は，精神的にネガティブなことを指す言葉として慣用的に用いられます。それでは，いつからつかわれだした言葉なのでしょうか？ もともとstress（応力）は，物理学用語であり，外部から加えられる力などによって物体内に発生する力のことです。この物理の概念を生理学の世界で用いだしたのが生理学者のキャノン（Cannon, 1914）です。その後，生理学者・医者のセリエ（Selye, 1946）がキャノンの概念と自身の研究成果をもとにストレス学説を唱え，刺激に対する生体反応を**汎適応症候群**（general adaptation syndrome）と名付けました。それらのなかで，ストレスは，生体に作用する外部からの刺激（ストレッサー）に対して生じる生体の非特異的反応の総称であると定義されました。ここで，おやっと違和感に気がついた方もいるでしょう。そうです，普段なにげなく使っている「ストレス」という言葉は学術的にはストレッサーであり，あなたのからだにあらわれた反応こそがストレスだったのです。

ストレスとからだと脳　セリエはストレッサーに対するからだの反応は 3 つの段階に分かれるとしました（図 7-3-1）。普段のからだは恒常性がはたらいて，一定のレベルにあると考えてください。そこになんらかの刺激が加わった（ストレッサーがきた）ら，まず緊張反応を示す「警告反応期」になります。この段階はショック相と反ショック相に分けられます。ショック相では，体温・血圧・血糖値・筋緊張の低下などのからだの反応が生じて抵抗力が弱まります。

図 7-3-1　ストレッサーに対するからだの反応

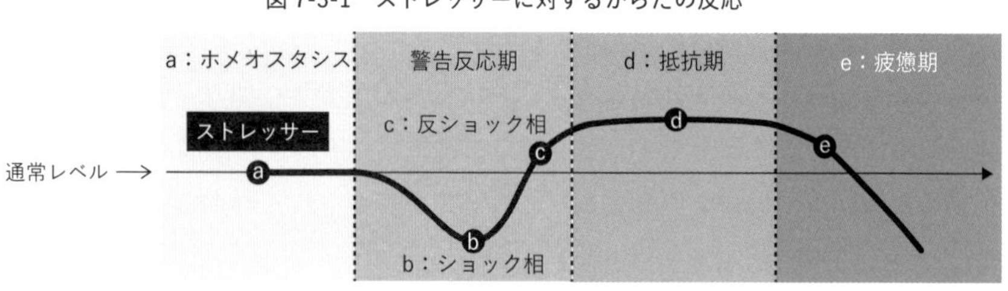

（出所）Selye, 1946 をもとに作成。

しかし弱まったままではなく，からだはすぐにストレッサーに抵抗するための反応を示す反ショック相に移行します。次に，「抵抗期」という段階に入ります。これは持続するストレッサーと抵抗力とが一定のバランスをとっている状態であって，適応的にストレッサーに反応している時期です。最後に，この抵抗期がさらに続いていくと「疲憊期」に移行します。書いて字のごとく，獲得された抵抗力が失われ，再びショック相に似たからだの反応を示すようになります。

図 7-3-2　視床下部—下垂体—副腎皮質系(HPA 系)

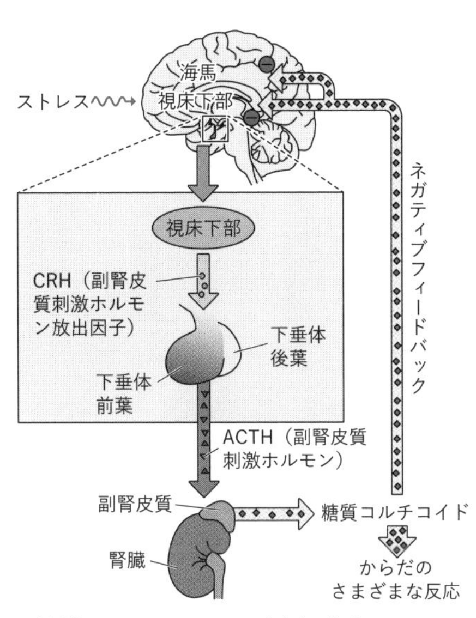

（出所）Breedlove et al., 2007 をもとに作成。

このような，生体がストレスに対処するためのシステムとして，セリエは**視床下部—下垂体—副腎皮質**(Hypothalamic-Pituitary-Adrenal ; **HPA**）系に注目してストレス学説を提唱しました（図 7-3-2)。視床下部および下垂体からの指令を受けて，副腎皮質では**ストレスホルモン**である**糖質コルチコイド**（ヒトを含めた霊長類ではコルチゾール，それ以外の動物ではコルチコステロン）が産生されます。副腎皮質から分泌された糖質コルチコイドは全身をめぐり，血糖値を上げたり血圧を上げたりしてからだを動かすのを助けます。さらに，糖質コルチコイド分泌が過剰になると脳がそれを感知し，分泌を止めるようにはたらきます（ネガティブフィードバック)。このように HPA 系は循環してうまくやりとりすることで，ストレッサーに対する適応的な反応を制御しています。

ラットの心的外傷後ストレス障害研究　強いストレスを受けたことで数十日後にも甚大な精神的・身体的悪影響が出てしまうのはなぜでしょう。ラットに**心的外傷後ストレス障害**（PTSD）のモデルとなるような状態を引き起こした研究があります（Ryoke et al., 2014)。この実験では，フットショックと強制水泳を組み合わせた強いストレスを与えると，不安のレベルにどのように影響する

図 7-3-3　オープンフィールドテストを用いた活動量の変化観察

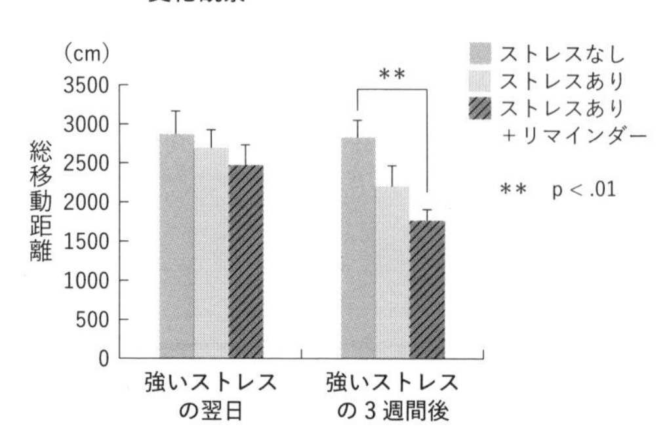

のかを，ストレスの翌日と３週間後で調べました（図 7-3-3）。さらに，強いストレスを与えることに加えて，ストレス経験を想起させる手がかり（リマインダー）にさらす条件も設定しました（ストレス＋リマインダー）。不安様行動の測定には，オープンフィールドテスト（**2-1** 参照）での活動量（総移動距離）を指標として用い，活動量の低下を不安レベルの亢進（上昇）と解釈しました。その結果，ストレスを与えた翌日には，３つの条件間で活動量に違いは見られませんでしたが，ストレスを与えてから３週間後では，ストレス＋リマインダー条件のラットで，ストレスなし条件と比較して活動量の低下（不安レベルの亢進）が見られました。これは，リマインダーによってストレス経験についての記憶が長期的に増強されたためと考えられます。ヒトの PTSD で見られる長期間にわたる不安レベルの亢進と同じようなことがラットでも起こっていたのです。

では，なぜリマインダーによってストレスの記憶が増強されたのでしょうか？ その答えはまだ明らかにはなっていませんが，上述したストレスホルモンの糖質コルチコイドだけでなく，副腎髄質から分泌される**アドレナリン**や**ノルアドレナリン**もストレスの記憶に関係していることがわかっています。ノルアドレナリンは神経伝達物質として脳内でも分泌され，さらに自律神経系の交感神経でも神経伝達物質として作用しています。これまでに，ノルアドレナリン神経系のはたらきを抑制する薬物を投与することによって記憶成績が悪くなること（Adamec et al., 2007 ; Maroun & Akirav, 2008）や，逆に糖質コルチコイドを記憶課題の直後に投与することで恐怖記憶が増強されることが報告されています（Beylin & Shors, 2003 ; Roozendaal et al., 2006）。からだとこころのはたらきは実によく結びついていることがわかります。したがって，嫌なことがあったときに，こころを落ち着けてからだも落ち着けるように試みることで，嫌な記憶を後に引きずらないようにできるかもしれません。

7-4 なぜこころの病気になるの？
精神疾患の動物モデル

私たちはなぜこころの病気になるのでしょうか？ どうしたらこころの病気を治せるのでしょうか？ これらの問いに答えるために，さまざまな動物モデルが作られ，精神疾患や脳機能の障害に関わる生物学的プロセスの解明や治療法の開発に役立てられてきました。モデル動物には，マウスやラットなどのげっ歯類に加え，ゼブラフィッシュなどの魚類やヒトに近い脳をもつ霊長類も使われています。これらの動物は，扱いやすさに加え，ヒトと似た脳やからだの仕組みをもつことなども重要です。ストレスによって誘発されるうつ病のモデルとしてのマウスはその一例といえます。

私たちは他者から攻撃されて社会的ストレスを受けると，抑うつ状態になってしまうことがあります。例えば，職場や学校でハラスメントやいじめに遭うことを想像してみてください。実際，日本では繰り返しパワーハラスメントを受けた方のうち，約15%が通院や服薬が必要なメンタルヘルスの不調を経験しています（厚生労働省，2021）。他者からの攻撃をきっかけとした抑うつ状態はどのようなメカニズムで起こるのでしょうか？ このような社会的ストレスを再現した研究を紹介します（Golden et al., 2011）。

マウスを用いた社会的ストレス研究　図7-4-1左上の社会的敗北セッションでは，最初に被験体のマウス（マウスA）は，より攻撃的な他のマウス（マウスB）のケージに入れられて一定時間（ここでは10分間）攻撃されます。その後，マウスAとマウスBの間に仕切りを挿入して，24時間ほど同じケージ内で過ごさせます（図7-4-1右上）。この同居時間中，マウスAは攻撃を受けることはありませんが，仕切りの向こうには自分を攻撃してきたマウスBの姿が見え，匂いもかぐことができる状態です。さっきまで自分を怒鳴り散らしていた上司が，向かい側の机でイライラしながら仕事をしているような状況ですね。このような社会的敗北セッション（一方的な攻撃と24時間の同居）を繰り返すことで，うつ病と同じような症状（うつ様行動）を示すマウスを作ることができます（研究の目的に合わせて，他の種類のストレスを組み合わせたり，ストレスを受けるタイミングや期間を調節したりする場合もあります）。うつ様行動を示すマウスは，

図 7-4-1　社会的パラダイムの動物モデル実験

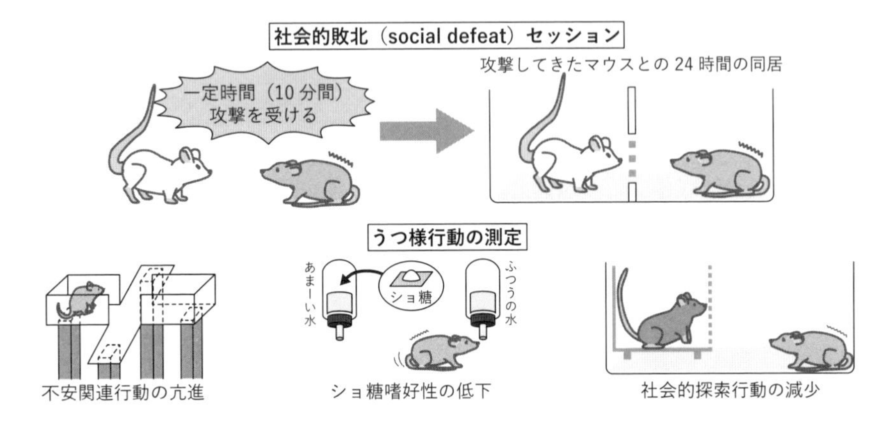

人間と同じように不安レベルが高くなったり，本来好きなはずの甘い物を好まなくなったり，他のマウスにあまり接近しなくなったりします（図 7-4-1 下）。

自殺企図など，人間でのみ観察される症状もありますが，このような動物モデルは妥当性のあるものとして，多くの研究で用いられてきました。また，精神疾患を含めた病気の動物モデルには，これまで成体の雄だけが使われることが多かったのですが，雌や思春期前後の若い個体が社会的なストレスを受けたときにはどのような生物学的な変化が起こるのかを調べる研究も増えています。性別や年（日）齢など，多様な属性の動物を使って検討することは大切です。

遺伝的背景に着目した動物モデル　一方で，精神疾患や脳機能の障害のなかには，原因が同定されていないものもたくさんあります。例えば，遺伝的な要因が発症に大きく関わる統合失調症や，自閉スペクトラム症などの神経発達症（発達障害）では，遺伝子組換え動物を疾患・障害のモデルとして使った研究が盛んに行われています（**コラム④**も参照）。

自閉スペクトラム症（ASD）では，ASD の人と，ASD でない親きょうだいの間で遺伝子配列の違いを比較した研究から，ASD の発症に関わる可能性の高い遺伝子が 100 以上も発見されています（Satterstrom et al., 2020）（図 7-4-2 上）。このように多くの精神疾患では，原因遺伝子は 1 つではありません（厳密な意味での精神疾患ではありませんが，ハンチントン病など，一遺伝子の変異で起こる疾患のなかには精神症状を伴うものもあります）。それでも，これらの候補遺

図 7-4-2　遺伝子組み換え動物モデルによる実験

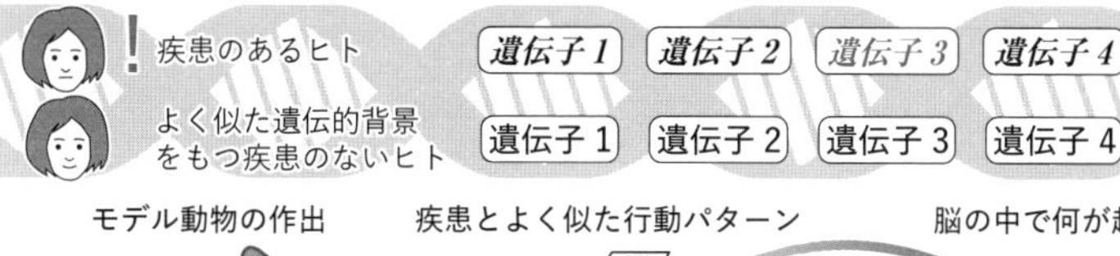

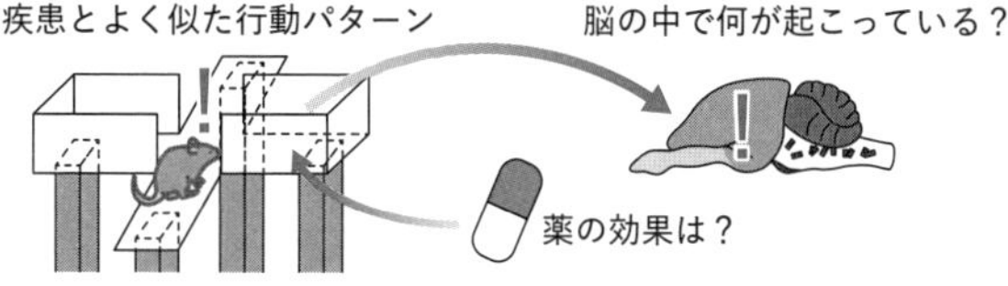

伝子のなかから 1 つを選んで，疾患や障害をもつ人と同じような変異を引き起こすことによって，その遺伝子の役割を明らかにすることができます（図 7-4-2 下）。例えば疾患や障害をもつ人ではある遺伝子が変異してはたらかなくなり，その遺伝子がコードするタンパク質（仮にタンパク質 A とします）が失われているとしたら，同じようにタンパク質 A が作られなくなる変異を遺伝子に引き起こします。そして，その変異によって脳の構造や機能，動物の行動がどのように変わるのかを調べることで，変異が疾患や障害のどの部分にどのように影響しているのかを明らかにすることができるのです。

動物モデルでの研究の意義　動物モデルを使うことで，実際の患者さんでは，倫理的にも現実的にも実施不可能である，脳組織の観察や実験的な介入，環境のコントロールなどを行うことができます。また，寿命が短く世代交代の早い種を使えば，世代を超えた研究も，ヒトの縦断研究よりもはるかに簡単に行うことができます。また，遺伝的な要因が重要な役割を果たす精神疾患であっても，その多くは，遺伝と，環境や経験を含めた多くの要因の相互作用によって発症します。動物を，ストレス負荷をはじめとするさまざまな環境条件に曝露することで，このような相互作用についても調べることができるのです。

精神疾患や障害の生物学的背景の解明は，治療法の開発に役立つだけではありません。当事者の意志の力だけではコントロールすることが難しい生物学的メカニズムがあるという研究結果が広く社会に知られるようになることで，その疾患や障害に対するスティグマ（マイナスのイメージやレッテル）を減らすことができます（Kvaale et al., 2013）。医学に貢献してくれる動物たちのおかげで，私たちはストレスの多い現代社会を生き抜くことができるのです。

コラム⑨　ノーベル賞と動物心理学

毎年10月は，世界中の研究者の心がなんとなくざわざわする時期です。生理・医学，化学，物理学，文学，平和，経済学の6つのノーベル賞の受賞者が発表になるからです。その後，12月には，スウェーデンのストックホルムの運河沿いに建つ市庁舎で，平和賞以外の授賞式が行われます。この時期のストックホルムは，午後3時には陽が沈むどんよりした季節ですが，受賞者が滞在するやはり運河沿いにあるグランドホテルや，旧市街ガムラスタンにあるノーベル博物館の周辺は，クリスマスの飾り付けとともに，暖かい光に包まれます。日本国内でも報道される授賞式やそれに続く晩餐会がメインイベントですが，そのほかにも，各賞の受賞者が集合してノーベル博物館で開催される座談会のテレビ放送や，市内のカロリンスカ研究所やストックホルム大学などで開催される記念講演会などの行事が連日続きます。この時期にストックホルムに滞在していると，ノーベル賞がとても身近なものに感じられます。

さて，本題の「ノーベル賞と動物心理学」ですが，ノーベル「心理学」賞というのは，もちろん存在しません。では，動物心理学分野の研究成果は，ノーベル賞の対象ではないのでしょうか？ いえ，そんなことはありません！ 1973年にローレンツ（Lorenz, K.），フォン・フリッシュ（von Frisch, K.），ティンバーゲン（Tinbergen, N.）の3名の**動物行動学者**（エソロジスト）に，「生理・医学賞」が授与されたことは，同じく「動物の行動」を研究してきた動物心理学者に驚きとともに，大きな喜びをもたらしました。アヒルやカモの**刻印づけ**とその**臨界期**，ミツバチの**8の字ダンス**，イトヨの闘争行動や**生得的解発機構**などの動物の行動の記述やそれを説明する概念や理論は，現在でも，動物心理学はもとより，心理学の入門書にも紹介されています。

ノーベル賞受賞者が滞在するグランドホテル

歴代の「生理・医学賞」の対象となった研究には，ほかにも，空間学習の脳内基盤となる海馬の「**場所細胞**」の発見（2014年，O'Keefe, J. M., Moser, M.-B., & Moser, E. I.），神経系の**シグナル伝達系**の分子メカニズム（2000年，Carlsson, A., Greengard, P., & Kandel, E. R.）や，**日周リズム**の分子機構（2017年，Hall, J. C., Rosbash, M., & Young, M. W.），**匂いの受容体**と**嗅覚系**の仕組み（2004年，Axel, R., &

Buck, L. B.）などがあります。また，現在では行動の分子・脳基盤の研究に広く用いられている（Ogawa et al., 2000）遺伝子欠損マウス（**ノックアウトマウス**）の作製の基盤となる手法（ES 細胞や相同組換え）の確立（2007 年，Capecchi, M. R., Evans, M. J., & Smithies, O.）や，特定のタンパク質の発現が行動表出に果たす役割に関する研究（Musatov et al., 2006）に応用されている 2 本鎖 RNA によって特定の遺伝子の発現（タンパク質産生）を抑える **RNA 干渉**という事象の発見（2006 年，Fire, A. Z., & Mello, C. C.）なども受賞しています。さらに，「化学賞」の受賞対象となった，オワンクラゲから抽出・精製された**緑色蛍光タンパク質**（2008 年，Shimomura, O., Chalfie, M., & Tsien, R. Y.）の発見により，脳内でのタンパク質の動態を容易に観察できるようになり，緑色蛍光タンパク質は行動の神経基盤の研究に欠かせないものとなっています。加えて，「化学賞」が授与された **PCR 法**の開発（1993 年，Mullis, K. B.）により，少量の DNA の増幅が日常的に行われるようになったほか，最近の受賞研究である**ゲノム編集**の開発（2020 年，Charpentier, E., & Doudna, J. A.）の応用により，研究者のねらい通りに遺伝子を改変する技術が今後ますます普及していくと思われます。

本書を読み進めてこられた皆さんは，これらの受賞研究が動物心理学とも密接に関係していることにすでにお気づきと思います。実際，「動物心理学」の研究対象や研究課題，研究方法は，実に多種多様であり，生物学，生理学，薬理学をはじめとするさまざまな隣接科学領域との融合も加速しています。特に近年，脳の機能を解析する分子生物学的，神経生理学的，神経化学的，神経組織解剖学的方法が飛躍的に進歩し，動物心理学研究者もこれらの手法を駆使して，行動の神経基盤の解明に果敢に取り組んでいます。動物心理学分野の研究成果に，ノーベル「生理・医学」賞，や「化学」賞が授与されることも十分にありうると期待されます。

ストックホルム旧市街ガラムスタンのノーベル博物館

授賞式，晩餐会会場となるストックホルム旧市庁舎

コラム⑩　動物心理学はSDGsにどう貢献しうるか？

現代の社会を取り巻く地球規模でのさまざまな問題，例えば貧困や格差，気候変動や平和問題など，このまま手を打たないでいると人類の破局を招きかねない危機のなかに私たちはいます。2015 年 9 月，国連で「**持続可能な開発目標**」（**SDGs**）が採択され，「誰 1 人取り残さない」を合言葉として，2030 年までに解決すべき 17 のゴールが定められました。この 17 のゴールが関わる要素として，「人間」「豊かさ」「地球」「平和」「パートナーシップ」の 5 つが挙げられました。いずれの要素も人間や地球と密接に関わるものですが，動物心理学はこの SDGs 達成にどう貢献しうるでしょうか？

動物心理学の目的の 1 つは，人間のこころや行動についての理解を増進することです。人間を対象とはできない実験操作を，承認されうる範囲で**動物実験**において遂行することが，人間の行動メカニズムの理解に示唆を与えうると考えると，SDGs において人びとを救うために設定されているゴールのいくつかは動物心理学と密接に関係するといえます。例えば，ゴール 3「**すべての人に健康と福祉を**」の達成には，人間の身体疾患・精神疾患に関する動物モデルの作製，疾患メカニズムの解明，医薬品の開発，疾患状態からの回復をもたらす方法の提案など，動物心理学でこれまで広く用いられてきた手法が貢献できるでしょう。また，動物の行動や脳内メカニズムに関する実験を雄・雌それぞれの動物に行う研究は，ゴール 5「**ジェンダー平等を実現しよう**」の達成において，（動物での知見を単純に人間に適用することはできませんが）生物学的見地からの実証データがジェンダー理解を深化させる一助になることが期待されます。SDGs のゴール 13〜15 は，気候，海の豊かさ，陸の豊かさなど地球環境に関わる達成目標ですが，動物の行動を良好に保つ環境要因を特定することが，人間の暮らしの質向上や，生物多様性損失の阻止につながると考えられます。また，**コラム③**「内分泌かく乱」でも取り上げた環境ホルモンは，生体の成長発達などに影響を及ぼす化学物質として動物心理学の研究対象となっています。

従来から指摘されていた地球規模での慢性的危機に加え，2020 年から世界中を襲った新型コロナウイルス感染拡大のように，SDGs が採択された当初には想定されていなかった危機が人類を襲うことも今後ありえます。単一の研究分野だけで解決できると考えるのではなく，さまざまな専門分野の研究者が横断的に共同して問題解決にあたることが求められるところであり，動物心理学者もその一翼を担いたいと考えています。

第 7 章 参考図書・WEB 案内

マッガウ，J. L.／大石高生・久保田競監訳（2006）．『記憶と情動の脳科学――「忘れにくい記憶」の作られ方』講談社
宮田久嗣・高田孝二・池田和隆・廣中直行編著（2019）．『アディクションサイエンス――依存・嗜癖の科学』朝倉書店
ブレムナー，J. D.／北村美都穂訳（2003）．『ストレスが脳をだめにする――心と体のトラウマ関連障害』青土社
ネシー，R. M.／加藤智子訳（2021）．『なぜ心はこんなに脆いのか――不安や抑うつの進化心理学』草思社
加藤忠史（2012）．『動物に「うつ」はあるのか――「心の病」がなくなる日』PHP 研究所

引用・参照文献

■1章　脳から探る

Angermeier, W. F. (1984). *The evolution of operant learning and memory: A comparative etho-psychology*. Karger.

Botton-Amiot, G., Martinez, P., & Sprecher, S. G. (2023). Associative learning in the cnidarian Nematostella vectensis. *Proceedings of the National Academy of Sciences,* 120 (13), e2220685120.

Cheng, K. (2021). Learning in Cnidaria: A systematic review. *Learning & Behavior*, 49 (2), 175-189.

Cozzi, B., Mazzariol, S., Podestà, M., Zotti, A., & Huggenberger, S. (2016). An unparalleled sexual dimorphism of sperm whale encephalization. *International Journal of Comparative Psychology*, 29 (1).

Daw, N. D., Niv, Y., & Dayan, P. (2005). Uncertainty-based competition between prefrontal and dorsolateral striatal systems for behavioral control. *Nature Neuroscience*, 8 (12), 1704-1711.

Fragaszy, D., Johnson-Pynn, J., Hirsh, E., & Brakke, K. (2003). Strategic navigation of two-dimensional alley mazes: Comparing capuchin monkeys and chimpanzees. *Animal Cognition*, 6 (3), 149-160.

Ginsburg, S., & Jablonka, E. (2010). The evolution of associative learning: A factor in the Cambrian explosion. *Journal of Theoretical Biology*, 266 (1), 11-20.

Haralson, J. V., Groff, C. I., & Haralson, S. J. (1975). Classical conditioning in the sea anemone, Cribrina xanthogrammica. *Physiology & Behavior*, 15, 455-460.

Jerison, H. J. (1973). *Evolution of the brain and intelligence*. Academic Press.

黒田亮（1936）.『動物心理學』三省堂

Loy, I., Carnero-Sierra, S., Acebes, F., Muñiz-Moreno, J., Muñiz-Diez, C., & Sánchez-González, J. C. (2021). Where association ends: A review of associative learning in invertebrates, plants and protista, and a reflection on its limits. *Journal of Experimental Psychology: Animal Learning and Cognition,* 47 (3), 234-251.

Mills, W. (1898). *The nature and development of animal intelligence*. T. Fisher Unwin.

Morgan, C. L. (1894). *An introduction to comparative psychology*. W. Scott.（モルガン／大日本文明協會編／大鳥居弃三訳（1914）.『比較心理學――全』大日本文明協會）

Morgan, C. L. (1900). *Animal behaviour*. Edward Arnold.

中島定彦（2017）.「連合学習の５億年」『心理学ワールド』78, 5-8.

中島定彦（2019）.『動物心理学――心の射影と発見』昭和堂

Nakajima, S., Arimitsu, K., & Lattal, K. M. (2002). Estimation of animal intelligence by university students in Japan and the United States. *Anthrozoös,* 15 (3), 194-205.

Pan, X., Sawa, K., Tsuda, I., Tsukada, M., & Sakagami, M. (2008). Reward prediction based on stimulus categorization in primate lateral prefrontal cortex. *Nature Neuroscience*, 11 (6), 703-712.

Ridgway, S. H., & Hanson, A. C. (2014). Sperm whales and killer whales with the largest brains of all toothed whales show extreme differences in cerebellum. *Brain, Behavior and Evolution*, 83 (4), 266-274.

Romanes, G. J. (1882). *Animal intelligence* (2nd ed.). Kegan Paul, Trench.
Roth, G., & Dicke, U. (2005). Evolution of the brain and intelligence. *Trends in Cognitive Sciences,* 9 (5), 250-257.
Russell, W. M. S., & Burch, R. L. (1959). *The principles of humane experimental technique.* Methuen.
Samejima, K., Ueda, Y., Doya, K., & Kimura, M. (2005). Representation of action-specific reward values in the striatum. *Science*, 310 (5752), 1337-1340.
Schultz, W., Dayan, P., & Montague, P. R. (1997). A neural substrate of prediction and reward. *Science*, 275 (5306), 1593-1599.
Shoshani J., Kupsky, W. J., & Marchant, G. H. (2006). Elephant brain. Part I: Gross morphology, functions, comparative anatomy, and evolution. *Brain Research Bulletin,* 70 (2), 124-157.
高砂美樹（2010).「20 世紀前半における日本の比較心理学の展開」『動物心理学研究』60（1), 19-38.
Tanaka, S., Pan, X., Oguchi, M., Taylor, J. E., & Sakagami, M. (2015). Dissociable functions of reward inference in the lateral prefrontal cortex and the striatum. *Frontiers in Psychology,* 6, 995.
Thorndike, E. L. (1898). Animal intelligence: An experimental study of the associative processes in animals. *Psychological Review: Monograph Supplements*, 2 (4), i-109.
Thorndike, E. L., Terman, L. M., Freeman, F. M., Colvin, S. S., Pintner, R., & Pressey, S. L. (1921). Intelligence and its measurement: A symposium. *Journal of Educational Psychology*, 12 (3), 123-147.
時実利彦（1966).「生物における神経系の役割」時実利彦ほか『脳と神経系』（岩波講座 現代の生物学 6）岩波書店
Visalberghi, E., Fragaszy, D. M., & Savage-Rumbaugh, S. (1995). Performance in a tool-using task by common chimpanzees (*Pan troglodytes*), bonobos (*Pan paniscus*), an orangutan (*Pongo pygmaeus*), and capuchin monkeys (*Cebus apella*). *Journal of Comparative Psychology,* 109 (1), 52-60.
Washburn, M. F. (1908). *The animal mind: A text-book of comparative psychology*. Macmillan. (2nd. ed. 1917)（ワァシュバーン，F. M.／谷津直秀・高橋堅訳（1918).『動物乃心』裳華房）
Watson, J. B. (1913). Psychology as the behaviorist views it. *Psychological Review*, 20, 158-177.
Wundt, W. (1863). *Vorlesungen über die Menschen- und Thierseele*, 1, 2. L. Voß.
Yerkes, R. M., & Morgulis, S. (1909). The method of Pawlow in animal psychology. *Psychological Bulletin*, 6 (8), 257-273.

■ 2 章　動物の多様性から探る

Cadbury, D. (1998). *The feminization of nature: Our future at risk.* Penguin.（キャドバリー，D.／井口泰泉監修・解説／古草秀子訳（1998).『メス化する自然――環境ホルモン汚染の恐怖』集英社）
Colborn, T., Dumanoski, D., & Myers, J. P. (1996). *Our stolen future: are we threatening our fertility, intelligence, and survival ?: A scientific detective story.* Penguin.（コルボーン，T.・ダマノスキ，D.・マイヤーズ，J. P.／長尾力・堀千恵子訳（2001).『奪われし未来』増補改訂版，翔泳社）
Cooper, R. M., & Zubek, J. P. (1958). Effects of enriched and restricted early environments on the learning ability of bright and dull rats. *Canadian Journal of Psychology*, 12 (3), 159-164.
井口泰泉（1998).『環境ホルモンを考える』岩波書店

磯辺篤彦（2020）．『海洋プラスチックごみ問題の真実――マイクロプラスチックの実態と未来予測』化学同人

Juntti, S. A., Tollkuhn, J., Wu, M. V., Fraser, E. J., Soderborg, T., Tan, S., ... Shah, N. M. (2010). The androgen receptor governs the execution, but not programming, of male sexual and territorial behaviors. *Neuron*, 66 (2), 260-272.

Moore, C. (with Phillips, C.) (2011). *Plastic ocean: How a sea captain's chance discovery launched a determined quest to save the oceans*. Avery.（モア，C.（フィリップス，C.）／海輪由香子訳（2012）．『プラスチックスープの海――北太平洋巨大ごみベルトは警告する』NHK 出版）

Musatov, S., Chen, W., Pfaff, D. W., Kaplitt, M. G., & Ogawa, S. (2006). RNAi-mediated silencing of estrogen receptor α in the ventromedial nucleus of hypothalamus abolishes female sexual behaviors. *Proceedings of the National Academy of Sciences of the United States of America*, 103 (27), 10456-10460.

Nakata, M., Sano, K., Musatov, S., Yamaguchi, N., Sakamoto, T., & Ogawa, S. (2016). Effects of prepubertal or adult site-specific knockdown of estrogen receptor β in the medial preoptic area and medial amygdala on social behaviors in male mice. *eNeuro*, 3 (2), 1-14.

日本環境化学会編著（2019）．『地球をめぐる不都合な物質――拡散する化学物質がもたらすもの』講談社

西川洋三（2003）．『環境ホルモン――人心を「攪乱」した物質』日本評論社

小川園子（2013）．「社会行動の調節を司るホルモンの働き」『動物心理学研究』63（1），31-46.

小川園子（2018）．「社会性の行動神経内分泌基盤」『生体の科学』69（1），4-9.

Ogawa, S., Chester, A. E., Hewitt, S. C., Walker, V. R., Gustafsson, J.-Å., Smithies, O., Korach, K. S., & Pfaff, D. W. (2000). Abolition of male sexual behaviors in mice lacking estrogen receptors α and β (αβERKO). *Proceedings of the National Academy of Sciences of the United States of America*, 97 (26), 14737-14741.

Ogawa, S., Eng, V., Taylor, J., Lubahn, D. B., Korach, K. S., & Pfaff, D. W. (1998). Roles of estrogen receptor-alpha gene expression in reproduction-related behaviors in female mice. *Endocrinology*, 139 (12), 5070-5081.

Ogawa, S., Lubahn, D. B., Korach, K. S., & Pfaff, D. W. (1997). Behavioral effects of estrogen receptor gene disruption in male mice. *Proceedings of the National Academy of Sciences of the United States of America*, 94 (4), 1476-1481.

Riemann, R., Angleitner, A., & Strelau, J. (1997). Genetic and environmental influences on personality: A study of twins reared together using the self- and peer report NEO-FFI scales. *Journal of Personality*, 65 (3), 449-475.

Sano, K., Matsukami, H., Suzuki, G., Htike, N. T. T., Morishita, M., Win-Shwe, T. T., ... Maekawa, F. (2020). Estrogenic action by tris (2,6-dimethylphenyl) phosphate impairs the development of female reproductive functions. *Environment International*, 138.

Sano, K., Morimoto, C., Nakata, M., Musatov, S., Tsuda. M. C., Yamaguchi, N., Sakamoto, T., & Ogawa, S. (2018). The role of estrogen receptor β in the dorsal raphe nucleus on the expression of female sexual behavior in c57Bl/6J mice. *Frontiers in Endocrinology*, 9 (243).

Sano, K., Nakata, M., Musatov, S., Morishita, M., Sakamoto, T., Tsukahara, T., & Ogawa, S. (2016). Pubertal activation of estrogen receptor α in the medial amygdala is essential for the full expression of male social behavior in mice. *Proceeding of National Academy of Science of United State of America*, 113 (27), 7632-7637.

Sano, S., Tsuda, M. C., Musatov, S., Sakamoto, T., & Ogawa, S. (2013). Differential effects of site-specific knockdown of estrogen receptor a in the medial amygdala, medial pre-optic area, and ventromedial nucleus of the hypothalamus on sexual and aggressive behavior of male mice. *The European Journal of Neuroscience,* 37 (8), 1308-1319.

Sato, T., Matsumoto, T., Kawano, H., Watanabe, T., Uematsu, Y., Sekine, K., ... Kato, S. (2004). Brain masculinization requires androgen receptor function. *Proceedings of the National Academy of Sciences of the United States of America*, 101 (6), 1673-1678.

Schizophrenia Working Group of the Psychiatric Genomics Consortium (Ripke et al.) (2014). Biological insights from 108 schizophrenia-associated genetic loci. *Nature*, 511 (7510), 421-427.

Takahashi, A., Kato, K., Makino, J., Shiroishi, T., & Koide, T. (2006). Multivariate analysis of temporal descriptions of open-field behavior in wild-derived mouse strains. *Behavior Genetics*, 36 (5), 763-774.

Tryon, R. C. (1934). Individual differences. In F. A. Moss (Ed.), *Comparative psychology*. Prentice-Hall.

Tsuda, M. C., Yamaguchi, N., & Ogawa, S. (2011). Early life stress disrupts peripubertal development of aggression in male mice. *NeuroReport*, 22 (6), 259-263.

Valdar W, Solberg L. C., Gauguier, D., Burnett, S., Klenerman, P., Cookson, W. O., ... Flint, J. (2006). Genome-wide genetic association of complex traits in heterogeneous stock mice. *Nature Genetics*, 38 (8), 879-887.

綿貫豊 (2022). 『海鳥と地球と人間——漁業・プラスチック・洋上風発・野ネコ問題と生態系』築地書館

山内兄人・新井康允編著 (2006). 『脳の性分化』裳華房

■ 3章　動物たちが見せる絆から探る

Afonso, V. M., Grella, S. L., Chatterjee, D., & Fleming, A. S. (2008) Previous maternal experience affects accumbal dopaminergic responses to pup-stimuli. *Brain Research*, 1198, 115-123.

Ainsworth, M. D. S. (1982). Attachment: Retrospect and prospect. In C. M. Parkes, & J. Stevenson-Hinde (Eds.), *The Place of Attachment in Human Behaviour*, Tavistock.

Ainsworth, M. D. S., & Bell, S. M. (1970). Attachment, exploration, and separation: Illustrated by the behavior of one-year-olds in a strange situation. *Child Development*, 41 (1), 49-67.

APA (American Psychiatric Association) (2013). *Diagnostic and statistical manual of mental disorders: DSM-5* (5th ed.). American Psychiatric Association.

Blocker, T. D., & Ophir, A.G. (2015). Social recognition in paired but not single male prairie voles. *Animal Behaviour*, 108, 1-8.

Bowlby, J. (1969). Vol.1: Attachment. *Attachment and loss.* Hogarth P.: Institute of Psycho-Analysis. (revised ed., 1982) (ボウルビィ, J.／黒田実郎・大羽蓁・岡田洋子・黒田聖一訳 (1991). 『愛着行動』(母子関係の理論 1) 新版, 岩崎学術出版社)

Burgdorf, J., & Panksepp, J. (2001). Tickling induces reward in adolescent rats. *Physiology and Behavior*, 72 (1-2), 167-173.

Chen, Q., Deister, C. A., Gao, X., Guo, B., Lynn-Jones, T., Chen, N., ... Feng, G. (2020). Dysfunction of cortical GABAergic neurons leads to sensory hyper-reactivity in a Shank3 mouse model of ASD. *Nat Neurosci, 23* (4), 520-532.

Colonnello, V., Iacobucci, P., Fuchs, T., Newberry, R. C., & Panksepp, J. (2011). Octodon degus. A useful animal model for social-affective neuroscience research: Basic description of separation distress, social attachments and play. *Neuroscience & Biobehavioral Reviews*, 35 (9), 1854-1863.

Davis, S. J. M., & Valla, F. R. (1978). Evidence for domestication of the dog 12,000 years ago in the

Natufian of Israel. *Nature*, 276, 608-610.
Dhungel, S., Rai, D., Terada, M., Orikasa, C., Nishimori, K., Sakuma, Y., & Kondo, Y. (2019). Oxytocin is indispensable for conspecific-odor preference and controls the initiation of female, but not male, sexual behavior in mice. *Neuroscience Research*, 148, 34-41.
Durand, C. M., Betancur, C., Boeckers, T. M., Bockmann, J., Chaste, P., Fauchereau, F., ... Bourgeron, T. (2007). Mutations in the gene encoding the synaptic scaffolding protein SHANK3 are associated with autism spectrum disorders. *Nature Genetics*, 39 (1), 25-27.
Feldman, R., Gordon, I., Schneiderman, I., Weisman, O., & Zagoory-Sharon, O. (2010). Natural variations in maternal and paternal care are associated with systematic changes in oxytocin following parent-infant contact. *Psychoneuroendocrinology*, 35 (8), 1133-1141.
Feldman, R., Weller, A., Zagoory-Sharon, O., & Levine, A. (2007). Evidence for a neuroendocrinological foundation of human affiliation: Plasma oxytocin levels across pregnancy and the postpartum period predict mother-infant bonding. *Psychological Science*, 18 (11), 965-970.
Ferguson, J. N., Young, L. J., Hearn, E. F., Matzuk, M. M., Insel, T. R., & Winslow, J. T. (2000). Social amnesia in mice lacking the oxytocin gene. *Nature Genetics* 25, 284-288.
Fernández, E., Rajan, N., & Bagni, C. (2013). The FMRP regulon: From targets to disease convergence. *Frontiers in Neuroscience*, 7, 191.
Fuchs, T., Iacobucci, P., MacKinnon, K. M., & Panksepp, J. (2010). Infant-mother recognition in a social rodent (Octodon degus). *Journal of Comparative Psychology*, 124 (2), 166-175.
Haga, S., Hattori, T., Sato, T., Sato, K., Matsuda, S., Kobayakawa, R., ... Touhara, K. (2010). The male mouse pheromone ESP1 enhances female sexual receptive behaviour through a specific vomeronasal receptor. *Nature*, 466 (7302), 118-122.
Haga-Yamanaka, S., Ma, L., He, J., Qiu, Q., Lavis, L. D., Looger, L. L., & Yu, C. R. (2014). Integrated action of pheromone signals in promoting courtship behavior in male mice. *Elife*, 3 (July).
Hare, B., Brown, M., Williamson, C., & Tomasello, M. (2002). The domestication of social cognition in dogs. *Science*, 298 (5598), 1634-1636.
Hare, B., Plyusnina, I., Ignacio, N., Schepina, O., Stepika, A., Wrangham, R., & Trut, L. (2005). Social cognitive evolution in captive foxes is a correlated by-product of experimental domestication. *Current biology*, 15 (3), 226-230.
Hirasawa, N., Yamada, K., & Murayama, M. (2016) Brief hind paw stimulation is sufficient to induce delayed somatosensory discrimination learning in C57BL/6 mice. *Behavioural Brain Resesarch*, 301, 102-109.
Holy, T. E., & Guo, Z. (2005). Ultrasonic songs of male mice. *PLoS Biology*, 3 (12), e386.
Iossifov, I., O'Roak, B. J., Sanders, S. J., Ronemus, M., Krumm, N., Levy, D., ... Wigler, M. (2014). The contribution of de novo coding mutations to autism spectrum disorder. *Nature*, 515 (7526), 216-221.
Ishiyama, S., & Brecht, M. (2016). Neural correlates of ticklishness in the rat somatosensory cortex. *Science*, 365 (6313), 757-760.
Jamain, S., Quach, H., Betancur, C., Råstam, M., Colineaux, C., Gillberg, I. C., ... Bourgeron, T.; Paris Autism Research International Sibpair Study. (2003). Mutations of the X-linked genes encoding neuroligins NLGN3 and NLGN4 are associated with autism. *Nature Genetics*, 34 (1), 27-29.
Johnson, Z. V., Walum, H., Jamal, Y. A., Xiao, Y., Keebaugh, A. C., Inoue, K., & Young, L. J. (2016). Central oxytocin receptors mediate mating-induced partner preferences and enhance correlated activation across forebrain nuclei in male prairie voles. *Hormones and Behavior*, 79, 8-17.
Katayama, Y., Nishiyama, M., Shoji, H., Ohkawa, Y., Kawamura, A., Sato, T., ... Nakayama, K. I.

(2016). CHD8 haploinsufficiency results in autistic-like phenotypes in mice. *Nature*, 537 (7622), 675-679.

菊水健史（2014).「育てる・育てられる——母仔間コミュニケーションによる生物学的絆形成」開一夫編著／菊水健史・明和政子・チブラ，G.・ガーガリ，G.・友永雅己・石黒浩『母性と社会性の起源』（岩波講座 コミュニケーションの認知科学 3）岩波書店

Kinsley, C. H., & Lambert, K. G. (2006). The maternal brain. *Scientific American*, 294 (1), 72-79.（キンズレー，C. H.・ランバート，K. G. (2006).「子育てで賢くなる母の脳」日経サイエンス編集部編『脳から見た心の世界 part2』（別冊日経サイエンス 154）日経サイエンス）

Kiriazis, J., & Slobodchikoff, C. N. (2006). Perceptual specificity in the alarm calls of Gunnison's prairie dogs. *Behavioural Processes*, 73 (1), 29-35.

Kozorovitskiy, Y., Hughes, M., Lee, K., & Gould, E. (2006). Fatherhood affects dendritic spines and vasopressin V1a receptors in the primate prefrontal cortex. *Nature Neuroscience*, 9 (9), 1094-1095.

Lambert, K. G., Berry, A. E., Griffins, G., Amory-Meyers, E., Madonia-Lomas, L., Love, G., Kinsley, C. H. (2005). Pup exposure differentially enhances foraging ability in primiparous and nulliparous rats. *Physiology & Behavior*, 84 (5), 799-806.

Liu, L., Lei, J., Sanders, S. J., Willsey, A. J., Kou, Y., Cicek, A. E., ... Roeder, K. (2014). DAWN: A framework to identify autism genes and subnetworks using gene expression and genetics. *Molecular Autism*, 5 (1), 22.

Liu, X., & Takumi, T. (2014). Genomic and genetic aspects of autism spectrum disorder. *Biochemical and Biophysical Research Communications*, 452 (2), 244-253.

Miklósi, Á., Kubinyi, E., Topál, J., Gácsi, M., Virányi, Z., & Csányi, V. (2003). A simple reason for a big difference: Wolves do not look back at humans, but dogs do. *Current Biology*, 13 (9), 763-766.

Moltz, H., Lubin, M., Leon, M., & Numan, M. (1970). Hormonal induction of maternal behavior in the ovariectomized nulliparous rat. *Physiology & Behavior*, 5 (12), 1373-1377.

Murata, K., Tamogami, S., Itou, M., Ohkubo Y., Wakabayashi, Y., Watanabe, H., ... Mori, Y. (2014). Identification of an olfactory signal molecule that activates the central regulator of reproduction in goats. *Current Biology,* 24 (6), 681-686.

Nagasawa, M., Kikusui, T., Onaka, T., & Ohta, M. (2009). Dog's gaze at its owner increases owner's urinary oxytocin during social interaction. *Hormones and Behavior*, 55 (3), 434-441.

Nagasawa, M., Mitsui, S., En, S., Ohtani, N., Ohta, M., Sakuma, Y., ... Kikusui, T. (2015). Oxytocin-gaze positive loop and the coevolution of human-dog bonds. *Science*, 348 (6232), 333-336.

中井信裕・内匠透（2018).「自閉症の分子メカニズム」『生化学』90（4），462-477.

Nakatani, J., Tamada, K., Hatanaka, F., Ise, S., Ohta, H., Inoue, K., ... Takumi, T. (2009). Abnormal behavior in a chromosome-engineered mouse model for human 15q11-13 duplication seen in autism. *Cell*, 137 (7), 1235-1246.

Nishimura, T., Tokuda, I. T., Miyachi, S., Dunn, J. C., Herbst, C. T., Ishimura, K., ... Fitch, W. T. (2022). Evolutionary loss of complexity in human vocal anatomy as an adaptation for speech. *Science*, 377 (6607), 760-763.

Nishitani, S., Doi, H., Koyama, A., & Shinohara, K. (2011). Differential prefrontal response to infant facial emotions in mothers compared with non-mothers. *Neuroscience Research*, 70 (2), 183-188.

Numan, M., & Numan, M. J. (1994). Expression of Fos-like immunoreactivity in the preoptic area of maternally behaving virgin and postpartum rats. *Behavioral Neuroscience*, 108 (2), 379-394.

Rasmussen, L. E. L. (2001). Source and cyclic release pattern of (Z) -7-dodecenyl acetate, the pre-ovulatory pheromone of the female Asian elephant. *Chemical Senses,* 26 (6), 611-623.
Rosenblatt, J. S., & Lehrman, D. S. (1963). Maternal behavior in the laboratory rat. In H. L. Rheingold (Ed.), *Maternal behavior in mammals.* John Wiley & Sons.
Savic, I., & Lindström, P. (2008). PET and MRI show differences in cerebral asymmetry and functional connectivity between homo- and heterosexual subjects. *Proceedings of the National Academy of Sciences of the United States of America*, 105 (27), 9403-9408.
Schaal, B., Coureaud, G., Langlois, D., Giniès, C., Sémon, E., & Perrier, G. (2003). Chemical and behavioural characterization of the rabbit mammary pheromone. *Nature,* 424 (6944), 68-72.
Schneider, T., & Przewłocki, R. (2005). Behavioral alterations in rats prenatally exposed to valproic acid: Animal model of autism. *Neuropsychopharmacology: Official Publication of the American College of Neuropsychopharmacology*, 30 (1), 80-89.
Seifritz, E., Esposito, F., Neuhoff, J. G., Lüthi, A., Mustovic, H., Dammann, G., ... Di Salle, F. (2003). Differential sex-independent amygdala response to infant crying and laughing in parents versus nonparents. *Biological Psychiatry*, 54 (12), 1367-1375.
Seyfarth, R., & Cheney, D. (1990). The assessment by vervet monkeys of their own and another species' alarm calls. *Animal Behaviour*, 40 (4), 754-764.
Singer, A. G. (1991). A Chemistry of mammalian pheromones. *The Journal of Steroid Biochemistry and Molecular Biology*, 39 (4B), 627-632.
Singer, A. G., Macrides, F., Clancy, A. N., & Agosta, W. C. (1986). Purification and analysis of a proteinaceous aphrodisiac pheromone from hamster vaginal discharge. *The Journal of Biological Chemistry,* 261 (28), 13323-13326.
Suzuki, T. N. (2018). Alarm calls evoke a visual search image of a predator in birds. *Proceedings of the National Academy of Sciences of the United States of America*, 115 (7), 1541-1545.
Tilot, A. K., Frazier, T. W. 2nd, & Eng, C. (2015). Balancing proliferation and connectivity in PTEN-associated autism spectrum disorder. *Neurotherapeutics: The journal of the American Society for Experimental NeuroTherapeutics*, 12 (3), 609-619.
Tomihara, K., Zoshiki, T., Kukita, S. Y., Nakamura, K., Isogawa, A., Ishibashi, S., Matsumoto, S. (2015). Effects of diethylstilbestrol exposure during gestation on both maternal and offspring behavior. *Front Neurosci*, 9, 79.
Topál, J., Miklósi, Á., Csányi, V., & Dóka, A. (1998). Attachment behavior in dogs (Canis familiaris): A new application of Ainsworth's (1969) Strange Situation Test. *Journal of Comparative Psychology*, 112 (3), 219-229.
Trut, L., Oskina, I., & Kharlamova, A. (2009). Animal evolution during domestication: The domesticated fox as a model. *BioEssays: News and Reviews in Molecular, Cellular and Developmental Biology*, 31 (3), 349-360.
Uekita, T., & Kawakami, S. (2016). The effects of pre-weaning social isolation and mother's presence on the object exploration behavior of infant Octodon degus. *Psychologia*, 59 (2-3), 136-147.
Wada, M., Ide, M., Atsumi, T., Sano, Y., Shinoda, Y., Furuichi, T., & Kansaku, K. (2019). Rubber tail illusion is weakened in Ca2+-dependent activator protein for secretion 2 (Caps2)-knockout mice. *Scientific Reports*, 9 (1), 7552.
Xiao, K., Kondo, Y., & Sakuma, Y. (2004). Sex-specific effects of gonadal steroids on conspecific odor preference in the rat. *Hormones and Behavior*, 46, 356-361.
Yoshida, K., Go, Y., Kushima, I., Toyoda, A., Fujiyama, A., Imai, H., ... Isoda, M. (2016). Single-

neuron and genetic correlates of autistic behavior in macaque. *Science Advances*, 2 (9), e1600558.
Zoos South Australia (2009). Superb lyrebird imitating construction work. Adelaide Zoo online video.
https://www.youtube.com/watch?v=WeQjkQpeJwY (2022年11月時点)

■4章　動物の社会的葛藤から探る

Brosnan, S. F., & de Waal, F. B. M. (2003). Monkeys reject unequal pay. *Nature,* 425, 297-299.
Harris, C. R., & Prouvost, C. (2014). Jealousy in dogs. *PLoS One*, 9 (7), e94597.
Kitano, K., Yamagishi, A., Horie, K., Nishimori, K., & Sato, N. (2022). Helping behavior in prairie voles: A model of empathy and the importance of oxytocin. *iScience*, 25 (4), 103991.
近藤保彦・小川園子・菊水健史・山田一夫・富原一哉編 (2011).『脳とホルモンの行動学――行動神経内分泌学への招待：カラー版』西川書店
神前裕・渡辺茂 (2015).「げっ歯類の共感性」『心理学評論』58, 276-294.
Maninger, N., Mendoza, S. P., Williams, D. R., Mason, W. A., Cherry, S. R., Rowland, D. J., ... Bales, K. L. (2017). Imaging, behavior and endocrine analysis of "jealousy" in a monogamous primate. *Frontiers in Ecology and Evolution*, 5, 119.
松島俊也ウェブサイト「Matsushima Laboratory of Ethology and Cognitive Neuroscience」
https://sites.google.com/view/matsushima-2022/
Mendes, N., Steinbeis, N., Bueno-Guerra, N., Call, J., & Singer, T. (2018). Preschool children and chimpanzees incur costs to watch punishment of antisocial others. *Nature Human Behaviour*, 2 (1), 45-51.
Ogura, Y., Amita, H., & Matsushima, T. (2018). Ecological validity of impulsive choice: Consequences of profitability-based short-sighted evaluation in the producer-scrounger resource competition. *Frontiers* in Applied Mathematics and Statistics. https://www.frontiersin.org/articles/10.3389/fams.2018.00049/full
Sato, N., Tan, L., Tate, K., & Okada, M. (2015). Rats demonstrate helping behavior toward a soaked conspecific. *Animal Cognition*, 18 (5), 1039-1047.
Watanabe, S. (2014). The dominant/subordinate relationship between mice modifies the approach behavior toward a cage mate experiencing pain. *Behavioural Processes*, 103, 1-4.
Yamagishi, A., Lee, J., & Sato, N. (2020). Oxytocin in the anterior cingulate cortex is involved in helping behaviour. *Behavioural Brain Research*, 393, 112790.

■5章　動物の感覚・知覚から探る

Aschoff, J., Gerecke, U., & Wever, R. (1967). Desynchronization of human circadian rhythms. *The Japanese Journal of Physiology*, 17 (4), 405-457.
Cavoto, K. K., & Cook, R. G. (2001). Cognitive precedence for local information in hierarchical stimulus processing by pigeons. *Journal of Experimental Psychology: Animal Behavior Processes*, 27 (1), 3-16.
De Mairan, J. J. (1729). Observation botanique. *Histoire de l'academie royale des sciences*.
Desimone, R., Albright, T. D., Gross, C. G., & Bruce, C. (1984). Stimulus-selective properties of inferior temporal neurons in the macaque. *The Journal of Neuroscience*, 4 (8), 2051-2062.
Feng, A. S., Simmons, J. A., & Kick, S. A. (1978). Echo detection and target-ranging neurons in the auditory system of the bat Eptesicus fuscus. *Science*, 202 (4368), 645-648.
Feng, L. C., Chouinard, P. A., Howell, T. J., & Bennett, P. C. (2017). Why do animals differ in their

susceptibility to geometrical illusions? *Psychonomic Bulletin & Review*, 24 (2), 262-276.
長谷一磨・飛龍志津子（2019）.「コウモリのエコーロケーションにおける信号妨害の低減戦略」『動物心理学研究』69（2）, 55-67.
Hase, K., Kadoya, Y., Maitani, Y., Miyamoto, T., Kobayasi, K. I., & Hiryu, S. (2018). Bats enhance their call identities to solve the cocktail party problem. *Communications Biology*, 1 (1), 39.
Hataji, Y., Kuroshima, H., & Fujita, K. (2020). Dynamic Corridor Illusion in Pigeons: Humanlike Pictorial Cue Precedence Over Motion Parallax Cue in Size Perception. *i-Perception*, 11 (2), 204166952091140.
Hubel, D. H., & Wiesel, T. N., (1962). Receptive fields, binocular interaction and functional architecture in the cat's visual cortex. *The Journal of Physiology*, 160 (1), 106-154.
Koo, J. W., Han, J. S., & Kim, J. J. (2004). Selective neurotoxic lesions of basolateral and central nuclei of the amygdala produce differential effects on fear conditioning. *The Journal of Neuroscience: The Official Journal of the Society for Neuroscience*, 24 (35), 7654-7662.
Kothari, N. B., Wohlgemuth, M. J., & Moss, C. F. (2018). Dynamic representation of 3D auditory space in the midbrain of the free-flying echolocating bat. *Elife,* 7, 1-29.
Masters, W. M., & Raver, K. A. S. (1996). The degradation of distance discrimination in big brown bats (Eptesicus fuscus) caused by different interference signals. *Journal of Comparative Physiology A: Neuroethology, Sensory, Neural, and Behavioral Physiology,* 179, 703-713.
Neuweiler, G. (1984). Foraging, echolocation and audition in bats. *Naturwissenschaften,* 71, 446-455.
Qadri, M. A., & Cook, R. G. (2015). Experimental divergences in the visual cognition of birds and mammals. *Comparative Cognition & Behavior Reviews*, 10, 73-105.
Richter, C. P. (1965). *Biological clocks in medicine and psychiatry*. Charles C Thomas Publisher.
Schnitzler, H. U., & Denzinger, A. (2011). Auditory fovea and Doppler shift compensation: Adaptations for flutter detection in echolocating bats using CF-FM signals. *Journal of Comparative Physiology A: Neuroethology, Sensory, Neural, and Behavioral Physiology,* 197 (5), 541-559.
Siffre, M. (1975). Six months alone in a cave. *National Geographic*, 147 (3), 426-435.
Simmons, J. A. (1973). The resolution of target range by echolocating bats. *The Journal of the Acoustical Society of America.* 54 (1), 157-173.
Toda, K., Lusk, N. A., Watson, G. D. R., Kim, N., Lu, D., Li, H. E., ... Yin, H. H. (2017). Nigrotectal stimulation stops interval timing in mice. *Current Biology*, 27 (24), 3763-3770.
Witten, I. B., Steinberg, E. E., Lee, S. Y., Davidson, T. J., Zalocusky, K. A., Brodsky, M., ... Deisseroth, K. (2011). Recombinase-driver rat lines: Tools, techniques, and optogenetic application to dopamine-mediated reinforcement. *Neuron*, 72 (5), 721-733.
Yovel, Y., Geva-Sagiv, M., & Ulanovsky, N. (2011). Click-based echolocation in bats: not so primitive after all. *Journal of Comparative Physiology* A, 197, 515-530.

■ 6章　動物の学習から探る

Boyce, R., Glasgow, S. D., Williams, S., & Adamantidis, A. (2016). Causal evidence for the role of REM sleep theta rhythm in contextual memory consolidation. *Science*, 352 (6287), 812-816.
Dave, A. S., & Margoliash, D. (2000). Song replay during sleep and computational rules for sensorimotor vocal learning. *Science*, 290 (5492), 812-816.
Eichenbaum, H. (2014). Time cells in the hippocampus: A new dimension for mapping memories. *Nature Reviews Neuroscience*, 15 (11), 732-744.

Eichenbaum, H. (2017). Prefrontal-hippocampal interactions in episodic memory. *Nature Reviews Neuroscience*, 18 (9), 547-558.

Han, J.-H. et al. (2009). Selective erasure of a fear memory. Science, 323, 1492.

Healy, S. (Ed.) (1998). *Spatial representation in animals*. Oxford University Press.

池谷裕二 (2017).「記憶の想起を促す薬物の作用機構の解明」『上原記念生命科学財団研究報告集』31.

Jackson, C., McCabe, B. J., Nicol, A. U., Grout, A. S., Brown, M. W., & Horn, G. (2008). Dynamics of a memory trace: Effects of sleep on consolidation. *Current Biology*, 18 (6), 393-400.

実森正子・中島定彦 (2019).『学習の心理――行動のメカニズムを探る』第2版, サイエンス社

菅野富夫・田谷一善編 (2003).『動物生理学』朝倉書店

Krebs, J. R., Sherry, D. F., Healy, S. D., Perry, V. H., & Vaccarino, A. L. (1989). Hippocampal specialization of food-storing birds. *Proceedings of the National Academy of Sciences of the United States of America*, 86 (4), 1388-1392.

Kumar, D., Koyanagi, I., Carrier-Ruiz, A., Vergara, P., Srinivasan, S., Sugaya, Y., ... Sakaguchi, M. (2020). Sparse Activity of Hippocampal Adult-Born Neurons during REM Sleep Is Necessary for Memory Consolidation. *Neuron*, 107 (3), 552-565.e10.

Lin, Y. T., Hsieh, T. Y., Tsai, T. C., Chen, C. C., Huang, C. C., & Hsu, K. S. (2018). Conditional deletion of hippocampal CA2/CA3a oxytocin receptors impairs the persistence of long-term social recognition memory in mice. *The Journal of Neuroscience: The Official Journal of the Society for Neuroscience*. 38 (5), 1218-1231.

Liu, X., Ramirez, S., Pang, P. T., Puryear, C. B., Govindarajan, A., Deisseroth, K., & Tonegawa, S. (2012). Optogenetic stimulation of a hippocampal engram activates fear memory recall, *Nature*, 484 (7394), 381-385.

Lo, C.-C., Chou, T., Penzel, T., Scammell, T. E., Strecker, R. E., Stanley, H. E., & Ivanov, P. C. (2004). Common scale-invariant patterns of sleep-wake transitions across mammalian species. *Proceedings of the National Academy of Sciences of the United States of America*, 101 (50), 17545-17548.

Macbeth, A. H., Edds, J. S., & Young, W. S. 3rd. (2009) Housing conditions and stimulus females: A robust social discrimination task for studying male rodent social recognition. *Nature Protocols*. 4 (11), 1574-1581

Macfarlane, D. A. (1930). The role of kinesthesis in maze learning. *University of California Publications in Psychology*, 4, 277-305.

Maguire, E. A., Gadian, D. G., Johnsrude, I. S., Good, C. D., Ashburner, J., Frackowiak, R. S. J., & Frith, C. D. (2000). Navigation-related structural change in the hippocampi of taxi drivers. *Proceedings of the National Academy of Sciences*, 97 (8), 4398-4403.

McCabe, B. J. (2021). Neural Mechanisms of Imprinting. *Encyclopedia of Behavioral Neuroscience*, 2nd ed. 2, 102-108.

宮本浩行・ヘンシュ貴雄 (2020).「睡眠とシナプス可塑性」日本睡眠学会編集『睡眠学』第2版, 朝倉書店

Morris, R. G., Garrud, P., Rawlins, J. N., & O'Keefe, J. (1982). Place navigation impaired in rats with hippocampal lesions. *Nature*, 297 (5868), 681-683.

Nadel, L. (2008). The hippocampus and context revisited. In S. J. Y. Mizumori (Ed.), *Hippocampal place fields: Relevance to learning and memory*. Oxford University Press.

O'Keefe, J., & Nadel, L. (1978). *The hippocampus as a cognitive map*. Oxford University Press.

O'Keefe, J., & Dostrovsky, J. (1971). The hippocampus as a spatial map: Preliminary evidence from

unit activity in the freely-moving rat. *Brain Research*, 34 (1), 171-175.
Packard, M. G., & McGaugh, J. L. (1996). Inactivation of hippocampus or caudate nucleus with lidocaine differentially affects expression of place and response learning. *Neurobiology of Learning and Memory*, 65 (1), 65-72.
Redondo, R. L., Kim, J., Arons, A. L., Ramirez, S., Liu, X., & Tonegawa, S. (2014) Bidirectional switch of the valence associated with a hippocampal contextual memory engram. *Nature*, 513 (7518), 426-430.
Suge, R., & McCabe, B. J. (2004). Early stages of memory formation in filial imprinting: Fos-like immunoreactivity and behavior in the domestic chick. *Neuroscience*, 123 (4), 847-856.
Takehara-Nishiuchi, K. (2021). Neurobiology of systems memory consolidation. *The European Journal of Neuroscience*, 54 (8), 6850-6863.
Tolman, E. C. (1948). Cognitive maps in rats and men. *Psychological Review*, 55 (4), 189-208.
Tolman, E. C., Ritchie, B. F., & Kalish, D. (1946). Studies in spatial learning: I. Orientation and the short-cut. *Journal of Experimental Psychology*, 36 (1), 13-24.
Wilson, M. A., & McNaughton, B. L. (1994). Reactivation of hippocampal ensemble memories during sleep. *Science*, 265 (5172), 676-679.
Youngblood, B. D., Zhou, J., Smagin, G. N., Ryan, D. H., & Harris, R. B. S. (1997). Sleep Deprivation by the "'Flower Pot'" Technique and Spatial Reference Memory Paradoxical sleep deprivation Reference memory Rats Catecholamines Serotonin. *Physiology & Behavior*, 61 (2), 249-256.

■ 7章　動物のこころの不調から探る

Adamec, R., Muir, C., Grimes, M., & Pearcey, K. (2007). Involvement of noradrenergic and corticoid receptors in the consolidation of the lasting anxiogenic effects of predator stress. *Behavioural Brain Research*, 179 (2), 192-207.
Beylin, A. V., & Shors, T. J. (2003). Glucocorticoids are necessary for enhancing the acquisition of associative memories after acute stressful experience. Hormones and Behavior, 43 (1), 124-131.
Breedlove, S. M., Rosenzweig, M. R., & Watson, N. V. (2007). *Biological psychology: An introduction to behavioral, cognitive, and clinical neuroscience,* 5th ed. Sinauer Associates.
Cannon, W. B. (1914). The Interrelations of Emotions as Suggested by Recent Physiological Researches. *The American Journal of Psychology*, 25 (2), 256-282.
Deroche-Gamonet, V., Belin, D., & Piazza, P. V. (2004). Evidence for addiction-like behavior in the rat. *Science*, 305 (5686), 1014-1017.
Erratum in: Golden, S. A., Covington, H. E. 3rd., Berton, O., & Russo, S. J. (2015). Corrigendum: A standardized protocol for repeated social defeat stress in mice. *Nature Protocols,* 10 (4), 643.
Golden, S. A., Covington, H. E. 3rd., Berton, O., & Russo, S. J. (2011). A standardized protocol for repeated social defeat stress in mice. *Nature Protocols,* 6 (8), 1183-1191.
Han, J. H., Kushner, S. A., Yiu, A. P., Hsiang, H. L. L., Buch, T., Waisman, A., Josselyn, S. A., (2009). Selective erasure of a fear memory. *Science*, 323 (5920), 1492-1496.
Janak, P. H., & Tye, K. M. (2015). From circuits to behavior in the amygdala. *Nature*, 517 (7534), 284-292.
Kim, J., Pignatelli, M., Xu, S., Itohara, S., & Tonegawa, S. (2016). Antagonistic negative and positive neurons of the basolateral amygdala. *Nature Neuroscience*, 19 (12), 1636-1646.
厚生労働省 (2021).「令和2年度 厚生労働省委託事業　職場のハラスメントに関する実態調査報告書」 https://www.mhlw.go.jp/content/11910000/000775799.pdf
Kvaale, E. P., Haslam, N., & Gottdiener, W. H. (2013). The 'side effects' of medicalization: A meta-

analytic review of how biogenetic explanations affect stigma. *Clinical Psychology Review*, 33 (6), 782-794.

Maroun, M., & Akirav, I. (2008). Arousal and stress effects on consolidation and reconsolidation of recognition memory. *Neuropsychopharmacology: Official Publication of the American College of Neuropsychopharmacology*, 33 (2), 394-405.

McGaugh, J. L. (2003). *Memory and emotion: The making of lasting memories*. Columbia University Press.（マッガウ，J. L.／大石高生・久保田競監訳（2006）.『記憶と情動の脳科学――「忘れにくい記憶」の作られ方』講談社）

Musatov, S. A., Chen, W., Pfaff, D. W., Kaplitt, M. G., & Ogawa, S. (2006). Knockdown of estrogen receptor a using viral-mediated RNA interference abolishes female sexual behavior. *Proceedings of the National Academy of Sciences of the United States of America*, 103 (27), 10456-10460.

Ogawa, S., Chester, A. E., Hewitt, S. C., Walker, V. R., Gustafsson, J. -Å., Smithies, O., Korach, K. S., & Pfaff, D. W. (2000). Abolition of male sexual behaviors in mice lacking estrogen receptors α and β (abERKO). *Proceedings of the National Academy of Sciences of the United States of America*. 97 (26), 14737-14741.

Roozendaal, B., Okuda, S., Van der Zee, E. A., & McGaugh, J. L. (2006). Glucocorticoid enhancement of memory requires arousal-induced noradrenergic activation in the basolateral amygdala. *Proceedings of the National Academy of Sciences of the United States of America*, 103 (17), 6741-6746.

Ryoke, R., Yamada, K., & Ichitani, Y. (2014). Long-term effects of traumatic stress on subsequent contextual fear conditioning in rats. *Physiology & Behavior*, 129, 30-35.

Satterstrom, F. K., Kosmicki, J. A., Wang, J., Breen, M. S., De Rubeis, S., An, J. Y., ... Buxbaum, J. D. (2020). Large-Scale Exome Sequencing Study Implicates Both Developmental and Functional Changes in the Neurobiology of Autism. *Cell*, 180 (3), 568-584.e23.

Selye, H. (1946). The general adaptation syndrome and the diseases of adaptation. *Journal of Allergy*, 17 (4), 231-247.

Zhang, X., Kim, J., & Tonegawa, S. (2020). Amygdala reward neurons form and store fear extinction memory, *Neuron*, 105 (6), 1077-1093.e7.

索　引

● さ　行

● た　行

● な　行

● は　行

● ま　行

や　行

ら　行

わ　行

動物心理学入門――動物行動研究から探るヒトのこころの世界

Introduction to Animal Psychology: Human Mind Unraveled by Animal Research

---

2023年7月15日 初版第1刷発行

監　修　日本動物心理学会

編　者　小川園子・富原一哉・岡田隆

発行者　江草貞治

発行所　株式会社有斐閣

〒101-0051 東京都千代田区神田神保町 2-17

https://www.yuhikaku.co.jp/

装　丁　吉野　愛

組　版　株式会社明昌堂

印　刷　萩原印刷株式会社

製　本　大口製本印刷株式会社

装丁印刷　株式会社亨有堂印刷所

落丁・乱丁本はお取替えいたします。定価はカバーに表示してあります。

©2023, The Japanese Society for Animal Psychology.

Printed in Japan. ISBN 978-4-641-17488-7

本書のコピー，スキャン，デジタル化等の無断複製は著作権法上での例外を除き禁じられています。本書を代行業者等の第三者に依頼してスキャンやデジタル化することは，たとえ個人や家庭内の利用でも著作権法違反です。

JCOPY 本書の無断複写(コピー)は，著作権法上での例外を除き，禁じられています。複写される場合は，そのつど事前に，(一社)出版者著作権管理機構(電話 03-5244-5088，FAX03-5244-5089，e-mail:info@jcopy.or.jp)の許諾を得てください。